Michael Faraday
Naturgeschichte einer Kerze

SEVERUS Verlag

Faraday, Michael: Naturgeschichte einer Kerze. Wissenschaftliche Erkenntnisse aus Physik und Chemie leicht gemacht. 2019
Neuauflage der Ausgabe von 1902
ISBN: 978-3-95801-622-4

Korrektorat: Chiara Mohme
Satz: Chiara Mohme

Umschlaggestaltung: Annelie Lamers, SEVERUS Verlag
Umschlagmotiv: www.pixabay.com

Bibliografische Information der Deutschen Nationalbibliothek: Die Deutsche Nationalbibliothek verzeichnet diese Publikation in der Deutschen Nationalbibliografie; detaillierte bibliografische Daten sind im Internet über https://dnb.de abrufbar.

Der SEVERUS Verlag ist ein Imprint der Bedey & Thoms Media GmbH, Hermannstal 119k, 22119 Hamburg

---

SEVERUS Verlag, 2019
http://www.severus-verlag.de
Gedruckt in Deutschland

Michael Faraday

Naturgeschichte einer Kerze

Wissenschaftliche Erkenntnisse aus Physik und Chemie leicht gemacht

SEVERUS

Inhalt

Vorbemerkung zur zweiten Auflage

Michael Faraday's „Naturgeschichte einer Kerze" wird hiermit der jungen Leserwelt in einer neuen Auflage übergeben. Gern willigte der Unterzeichnete ein, die ihm von der Verlagshandlung angetragene Herausgabe zu übernehmen, welche der ursprüngliche Übersetzer zu besorgen nicht in der Lage war. Selbstverständlich wurde der Text einer sorgfältigen Durchsicht, insbesondere einer Vergleichung mit dem englischen Original unterworfen, wobei ziemlich vielfache Abänderungen nötig waren. Die frische, lebendige und, man darf wohl sagen naive Darstellungsweise Faraday's suchte man überall so getreu als möglich wiederzugeben. Ganz streng ließ sich freilich die Anlehnung an das Original nicht immer durchführen. Faraday hat seine Vorträge nicht niedergeschrieben, sondern frei gehalten, und das Büchlein verdankt seine Entstehung den raschen Aufzeichnungen eines Zuhörers. Dieser Ursprung gibt sich vielfach sehr vorteilhaft zu erkennen; zuweilen aber hatte er auch offenbare Unklarheiten zur Folge, und in solchen Fällen hielt es der Herausgeber für seine Pflicht, die verbessernde Hand an das ihm sonst als unverletzlich geltende Original zu legen. Hier und da wurde auch eine knappe erläuternde Anmerkung angebracht.

Das vorangestellte kurze Lebensbild Faraday's wird von den jugendlichen Lesern, für welche ja immer das Persönliche von besonderem Interesse ist, nicht ungern entgegengenommen werden. Die seltenen Charaktereigenschaften des Mannes, welche seiner hohen wissenschaftlichen

Bedeutung würdig zur Seite stehen, machen ihn zu einem wahren Vorbilde für die Jugend, und die Mitteilung seines Entwicklungsganges erschien daher auch vom pädagogischen Standpunkte aus gerechtfertigt. Als Quelle dienten hauptsächlich die pietätvollen Aufzeichnungen über Faraday, welche von seinem jüngeren Freunde Tyndall herausgegeben worden sind[1], und welche außer einer Fülle von persönlichen Erinnerungen einen wahren Schatz von brieflichen Aufzeichnungen aus der Feder des großen Mannes selbst enthalten. – Auch das Bildnis Faraday's, dessen ausdrucksvolle Züge das innere Feuer und die wahre Herzensgüte, welche in seiner Seele nebeneinander wohnten, so getreulich widerspiegeln, ist eine Bereicherung der neuen Auflage.

Übrigens sei das Büchlein nicht nur der Jugend, sondern auch den Eltern und ganz besonders den Lehrern empfohlen. Die letzteren werden sowohl in der Darstellung als auch in den oft mit so einfachen Mitteln angestellten Versuchen manchen wertvollen Fingerzeig finden.

Chur, im September 1883.
Richard Meyer.

*

Vorbemerkung zur dritten Auflage

Die dritte Auflage unterscheidet sich nur wenig von der zweiten. In dem Lebensabrisse mussten einige kleine

1 Faraday und seine Entdeckungen, eine Gedenkschrift von John Tyndall; deutsch herausgegeben von H. Helmholtz. Braunschweig bei Friedr. Vieweg & Sohn. 1870.

Änderungen und Zusätze gemacht werden, um der neueren Entwicklung der Elektrotechnik und Elektrochemie Rechnung zu tragen; am Texte war kaum etwas zu ändern, und nur die Anmerkungen haben einige geringfügige Zusätze erhalten.

Braunschweig, November 1901.
Richard Meyer.

Michael Faraday

Der Name Michael Faraday gehört einem der seltenen Geister an, welche der Menschheit neue Bahnen auf dem Gebiete der Naturwissenschaft eröffnet haben. Aber Michael Faraday war nicht nur ein großer Naturforscher: er war zugleich auch ein guter und edler Mensch, der seine Mitmenschen, und nicht am wenigsten die Jugend liebte. Gern stieg er selbst zu den Kindern herab, um ihnen in seiner schlichten und herzerfreuenden Weise aus dem reichen Schatze seines Wissens goldene Früchte zu bieten. Darum wird es gut sein, wenn wir den Mann, von dem man so treffliche Dinge lernen kann, auch selbst ein wenig kennen lernen. Es soll daher in den folgenden Zeilen einiges aus seinem Leben erzählt werden.

Michael Faraday war ein Mann, der Alles, was er wurde und leistete, seiner eigenen Kraft verdankte, ein self made man, wie die Engländer sagen, in des Wortes edelster Bedeutung. Er war der Sohn eines armen Grobschmiedes, den sein Vater nur das Notwendigste lernen lassen konnte, und der schon als Knabe genötigt war, darauf zu denken, wie er so bald als irgend möglich sein Brot verdienen könnte. So wurde er denn frühzeitig zu einem Buchbinder in die Lehre getan, und er dachte nicht anders, als dass er in diesem Berufe sein Glück machen würde. Aber er brachte es nicht übers Herz, die Bücher, die er zu binden hatte, nur von außen anzuschauen; er blickte hinein, und er fand darin vieles, was ihn wundersam anzog. Insbesondere waren es die einfachsten Erscheinungen der Chemie, die seine Einbildungskraft mächtig ergriffen. Sie trieben ihn frühzeitig dazu, mit den allergeringsten Mitteln, und so gut er es vermochte, Versuche anzustellen, um sich von der Wahrheit dessen, was die Bücher ihm erzählten, durch eigene Anschauung zu überzeugen. So wurde aus dem armen Buchbinderlehrling unvermerkt ein kleiner Naturforscher. Faraday dachte wohl zuerst nicht daran, dass diese Studien etwas anderes als eine Liebhaberei sein könnten. Aber immer mächtiger ergriffen sie ihn; und endlich vermochte er dem inneren Trieb nicht zu widerstehen: er vertauschte die Werkstatt des Buchbinders mit dem Laboratorium des Chemikers. Das ging nun freilich nicht so leicht; er musste ganz von unten anfangen: als einfacher Hilfsarbeiter begann er die Laufbahn des Naturforschers. Aber nachdem er sie einmal betreten, hat er rasch, gestützt auf sein großes Talent, jedoch fortwährend mit eisernem Fleiße bemüht, seine Kenntnisse zu erweitern, bald größere und größere Erfolge errungen, bis er endlich eine Stufe erstieg, welche zu betreten nur wenigen Auserwählten beschieden ist. Jetzt, nachdem er schon eine Reihe von Jahren nicht mehr unter den Lebenden weilt, wird sein Name von den Männern der Wissenschaft mit Verehrung genannt; diejenigen aber, denen es vergönnt war, ihn im Leben zu kennen, oder gar ihm nahe zu stehen, haben stets von ihm mit einer Begeisterung gesprochen, welche nur die wahrste Herzensgüte und die edelste Lauterkeit des Charakters zu erwecken vermag.

Michael Faraday wurde als das dritte Kind des Grobschmiedes James Faraday am 22. September 1791 zu Newington Butts in Surrey (Südlondon) geboren. Seine Mutter, Margaret, war die Tochter eines Pächters Namens Hestwell in der Nähe von Kirkby-Stephen. Die Eltern erfüllte ein tief religiöser Sinn; sie gehörten der kleinen christlichen Sekte der „Sandemanianer“ an, und dieser ist er selbst während seines ganzen Lebens treu geblieben. – Fast zehn Jahre lang war seine Heimat eine über Stallungen gelegene Wohnung in einer Seitengasse; seine Erziehung war, wie er selbst berichtet, von der gewöhnlichsten Art und beschränkte sich fast nur auf die Anfangsgründe des Lesens, Schreibens und Rechnens; seine Freistunden brachte er zu Hause oder auf der Straße zu. Im Jahre 1804 trat er, dreizehn Jahre alt, zuerst zur Probe als Lehrling in den Buchladen von George Riebau; nach einem Jahre wurde er definitiv, und der von ihm geleisteten Dienste wegen unentgeltlich angenommen. Wie ernst er es mit seiner Arbeit nahm, davon gibt ein Brief seines Vaters aus dem Jahre 1809 Zeugnis, welcher schreibt:

> „Michael ist Buchbinder und im Erlernen seines Geschäftes sehr eifrig. Von seinen sieben Dienstjahren sind fast vier verstrichen. Sein Prinzipal und dessen Frau sind sehr brave Leute und seine Stelle gefällt ihm gut. Anfangs hatte er eine schwere Zeit durchzumachen, aber, wie das alte Sprichwort sagt: Jetzt hat er den Kopf über Wasser, da er zwei andere Knaben unter sich hat."

In diese Zeit fallen seine ersten chemischen Studien. Er las Schriften über Physik und Chemie und machte Experimente, welche sich mit einigen Pence[2] wöchentlicher Einnahme bestreiten ließen. Immerhin war es ihm möglich, eine einfache Elektrisiermaschine und einige andere elektrische Apparate zu konstruieren. Auch hörte er gelegentlich Vorlesungen über Physik, welche ein Herr Tatum in den Abendstunden hielt; sein Meister erteilte ihm dazu die Erlaubnis, und sein um drei Jahre älterer Bruder, der wie der Vater Grobschmied war, schenkte ihm zu mehreren das Eintrittsgeld. Später hatte er auch das Glück, einige Vorträge des damals schon hochberühmten Chemikers Sir

2 1 Penny – 10 Pfennige; Pence ist die Mehrzahl von Penny.

Humphry Davy zu hören, desselben, welcher ihm später den Eintritt in die wissenschaftliche Laufbahn erschloss und der dann sein langjähriger Lehrer und Vorgesetzter wurde. Er arbeitete diese Vorlesungen aus und erläuterte die Experimente durch Zeichnungen. Hierzu hatte er sich durch besondere Studien befähigt, da er unter der Anleitung eines Herrn Masquerier eifrig Perspektive getrieben hatte. – Damals machte Faraday auch einen ersten Versuch, seiner Tätigkeit eine seinem inneren Triebe entsprechende Richtung zu geben.

„Der Wunsch, wissenschaftlich beschäftigt zu sein" – so schreibt er, „veranlasste mich in meiner Unkenntnis der Welt und in der Einfalt meines Gemütes, noch als Lehrling an Sir Joseph Banks, damaligen Präsidenten der ‚Royal Society', zu schreiben. Ich erkundigte mich bei dem Portier nach einer Antwort, aber natürlich vergebens."

Mit welcher Begeisterung er in diesem jugendlichen Alter wissenschaftliche Gegenstände ergriff – er war damals 21 Jahre alt –, zeigt recht deutlich die folgende Stelle aus einem Briefe an seinen Jugendfreund Benjamin Abbott, einen Quäker, mit dem er eine sehr lebhafte Korrespondenz unterhielt:

„Ich finde keinen anderen Gegenstand, über den ich schreiben könnte, als das Chlor[3]. Erstaunen Sie nicht, mein lieber A., über den Eifer, mit welchen: ich diese neue Theorie ergreife. Ich habe Davy selbst darüber sprechen hören. Ich habe ihn Experimente (entscheidende Experimente) zur Erklärung derselben anstellen sehen und ich habe ihn diese Experimente auf die Theorie, in einer für mich unwiderstehlichen Weise,

3 Das Chlor ist einer der sogenannten chemischen Grundstoffe, wie Schwefel, Kohle etc., aus denen alle Körper zusammengesetzt sind. Es ist z.B. ein Bestandteil des gewöhnlichen Kochsalzes.

anwenden und erklären und geltend machen hören. Lieber Freund, Überzeugung ergriff mich, ich war gezwungen, ihm zu glauben, und dem Glauben folgte Bewunderung."

Im Oktober 1812 war Faraday's Lehrzeit beendigt und er ging als Buchbindergeselle zu einem Herrn de La Roche. Dieser war ein heftiger Mann und plagte seinen Gehilfen so sehr, dass Faraday diese Stelle bald unleidlich wurde. Er fühlte sich sehr gedrückt: zur Pflege seiner wissenschaftlichen Bestrebungen blieb ihm so gut wie keine Zeit, und obwohl sein Meister ihn persönlich gern mochte und ihm für die Zukunft die verlockendsten Versprechungen machte, so entschloss er sich doch bald, seine Lage wenn möglich zu ändern. Er schickte Davy die Ausarbeitungen ein, die er nach dessen Vorträgen gemacht hatte, und bat ihn, er möchte ihm die Möglichkeit verschaffen, sich der Wissenschaft zu widmen. Davy zeigte den Brief seinem Freunde Pepys und fragte ihn um seine Meinung, was er für den jungen Mann tun könne. – „Tun?", erwiderte Pepys, „lassen Sie ihn Flaschen schwenken. Taugt er etwas, so wird er sofort darauf eingehen; weigert er sich, so taugt er nichts". – „Nein, nein", sagte Davy, „wir müssen ihn zu etwas Besserem verwenden". – Und er verwendete ihn zu etwas Besserem; denn auf seinen Antrag wurde Faraday am 13. März 1813 zu seinem Assistenten ernannt. Als sich später zeigte, welchem Genie er durch seine Hilfeleistung den Weg geebnet hatte, erinnerte sich Davy gern und mit berechtigtem Stolze jenes ersten Schrittes, und er sagte einst, die schönste Entdeckung, die er gemacht habe, sei Faraday gewesen.

So war denn Faraday Assistent am chemischen Laboratorium der *„Royal Institution"* in London, einer Anstalt, deren Hauptzweck es ist, die Kenntnis der Naturwissenschaften durch leichtfassliche, von Experimenten begleitete Vorträge in möglichst weite Kreise zu tragen. An diesem Institute wirkte er bis zum Ende seines Lebens, da er später der Nachfolger Davys als Direktor des chemischen Laboratoriums wurde.

Mit seiner Anstellung an der *Royal Institution* begann für Faraday ein neues Leben: die Wissenschaft war ihm nun zum Beruf geworden, und man kann sich leicht vorstellen, mit welcher Energie sich sein lebhafter und zugleich so nachhaltig ausdauernder Geist ihrem Dienste widmete. Aber er fühlte das Bedürfnis, seine im ganzen dürftige Ausbildung auch nach anderen Richtungen zu ergänzen; denn er sagte sich mit Recht, dass es nicht genügt, ein tüchtiger Gelehrter in seinem Fache zu sein, sondern dass es auch noch der Kenntnisse und Fertigkeiten auf anderen Gebieten der menschlichen Bildung bedürfe. Er fand Nahrung für dieses Streben, indem er im Jahre 1813 in die *„City philosophical Society“* eintrat, ein Verein, welcher 30–40 Mitglieder aus den niederen oder mittleren Ständen zählte. Man kam jeden Mittwochabend zusammen, um teils in selbstgehaltenen Vorträgen, teils in freien Diskussionen gegenseitige Belehrung zu suchen. Die Gesellschaft trat sehr anspruchslos auf, aber ihre Leistungen waren, wie Faraday selbst sagte, von großem Werte für die Mitglieder. – Später trat er in Gemeinschaft mit etwa sechs Personen, welche größtenteils der *„City philosophical Society“* angehörten, zu einem engeren Verbände zusammen. Sie trafen sich abends „um zusammen zu lesen, und gegenseitig ihre Aussprache, sowie ihren Satzbau zu beurteilen, zu verbessern und zu vervollkommnen. Die Disziplin war – wie Faraday erzählt – kräftig, die Bemerkungen sehr aufrichtig und offen und die Resultate sehr wertvoll“. Diese Gesellschaft erhielt sich mehrere Jahre hindurch.

Im Übrigen finden wir ihn eifrig mit chemischen Arbeiten beschäftigt. Bei Gelegenheit derselben machte er sehr bald an sich die Erfahrung, dass die Wissenschaft von denen, die sich ihrem Dienste widmen, unter Umständen den Mut und die Opferfreudigkeit des Soldaten verlangt. Mit Versuchen über die explosive Verbindung des Chlors mit dem Stickstoff beschäftigt, erlebte er nicht weniger als vier Detonationen, deren eine ihm einen Teil eines Nagels abriss und die Finger auch sonst derartig verwundete, dass er sie längere Zeit nur mühsam gebrauchen konnte. Nur der Umstand, dass sein Gesicht bei diesen Versuchen durch eine gläserne Maske geschützt war, bewahrte ihn vor weit gefährlicheren Verletzungen.

Bald sollten indessen diese Arbeiten eine längere Unterbrechung erfahren. Schon im Oktober desselben Jahres, in welchem er seine Stelle an der *Royal Institution* angetreten hatte, unternahm H. Davy eine größere Reise ins Ausland und Faraday begleitete ihn auf derselben. Die Reise erstreckte sich über Frankreich, Italien, die Schweiz, Tirol etc. und dauerte bis zum April des Jahres 1815. Faraday erweiterte durch dieselbe seine Kenntnisse und seinen Gesichtskreis. Aber sie brachte ihm auch mancherlei Unannehmlichkeiten, da er genötigt war, eine Menge untergeordneter Dienstleistungen zu verrichten, zu denen er eigentlich nicht verpflichtet war, und gegen die sich sein Unabhängigkeitssinn und sein damals schon erwachtes berechtigtes Selbstgefühl auflehnten. Besonders hatte er in dieser Hinsicht von Lady Davy zu leiden. Die täglichen Plagen waren doch so empfindlich, dass er mehrere Male drauf und dran war, eiligst nach Hause zurückzukehren. Aber der Wunsch nach Ausbildung hielt ihn zurück.

„Ich habe gerade genug gelernt“ – schreibt er am 16. September 1814 an seinen Freund Abbott – „um meine Unwissenheit zu erkennen; ich schäme mich meiner allseitigen

Mängel und wünsche, die Gelegenheit, denselben abzuhelfen, jetzt zu ergreifen. Die wenigen Kenntnisse, die ich mir in Sprachen erworben habe, machen den Wunsch in mir rege, mehr von denselben zu wissen, und das Wenige, was ich von Menschen und Sitten gesehen, ist gerade genug, um es mir wünschenswert erscheinen zu lassen, mehr zu sehen. Hierzu kommt die herrliche Gelegenheit, deren ich mich erfreue, mich in der Kenntnis der Chemie und anderer Wissenschaften fortwährend zu vervollkommnen, und dies bestimmt mich, die Reise mit Sir Davy bis zu Ende mitzumachen."

Dass Faraday die gebotene Gelegenheit in ausgiebigster Weise benutzte, wird man sich denken können. Wie sehr sein Blick auf alles, selbst das kleinste gerichtet war, zeigt eine Aufzeichnung, datiert Dreux, den 28. Oktober, welche ich mir nicht versagen kann, hier folgen zu lassen. Sie lautet:

„Ich kann nicht umhin, einem Tiere, das hier zu Lande vorkommt, einen Ausruf der Bewunderung zu widmen: nämlich den Schweinen. Zuerst war ich geradezu über ihre Natur zweifelhaft, denn obgleich sie zugespitzte Nasen, lange Ohren, seilartige Schwänze und gespaltene Klauen haben, so scheint es doch unglaublich, dass ein Tier, welches einen langgestreckten Körper, auswärts gewölbten Rücken und Bauch, schmächtige Seiten, lange, dünne Beine hat und fähig ist, unseren Pferden ein bis zwei Meilen vorzulaufen, irgendwie mit dem fetten Schweine Englands verwandt sein könne. Als ich zuerst ein solches in Morlaix sah, fuhr es so plötzlich auf und wurde durch die Störung so behände in seinen Bewegungen und unseren Schweinen in seinen Gebärden so unähnlich, dass ich mich nach einem zweiten Geschöpfe derselben Gattung umsah, ehe ich zu entscheiden wagte, ob es ein normales oder außergewöhnliches Produkt der Natur sei. Aber ich finde sie alle gleich und was ich in der Ferne für ein Windspiel gehalten hätte, bin ich, bei näherer Besichtigung, genötigt, als Schwein anzuerkennen."

Diese harmlose Beobachtung, und ganz besonders die Art, wie er sich ihrer Richtigkeit versicherte, zeigt uns, wenn auch bei geringfügigem Anlasse, den echten Naturforscher.

Nach 1½ jähriger Abwesenheit kehrte Faraday nach London zurück. Seine Arbeiten mehrten sich rasch. Er hatte vor allem H. Davy bei seinen wissenschaftlichen Untersuchungen und bei den seine Vorträge begleitenden Experimenten zu unterstützen. Daneben aber beschäftigte er sich mit eigenen Arbeiten. Im Januar 1816 begann er seine Tätigkeit als Lehrer mit einer größeren Reihe von chemischen Vorträgen. Anfangs arbeitete er sie ganz aus; bald aber genügten ihm kurze Notizen als Erinnerungszeichen für die wichtigsten Punkte, die er zu besprechen hatte, während der Vortrag selbst in freier Rede bestand. Auch eine schriftstellerische Tätigkeit begann er um diese Zeit, da ihm die Redaktion einer bedeutenden wissenschaftlichen Zeitschrift, des *„Quaterly Journal of Science“* übertragen wurde. Die Arbeitslast muss damals eine recht große gewesen sein. Denn in einem Briefe an seinen Freund Abbott entschuldigt er seine mangelhafte Korrespondenz damit und bezeichnet ausdrücklich seinen Beruf als „Geschäft“. Erst neun Uhr abends verließ er das Laboratorium. „Aber“, schreibt er, „verstehen Sie mich wohl, ich klage nicht; je mehr ich zu tun habe, desto mehr lerne ich; ich wünsche nur. Ihnen den Eindruck zu nehmen, als wäre ich faul – ein Argwohn, der übrigens, wie mich eine kurze Überlegung lehrt, nie vorhanden sein kann.“ – Die letztere Bemerkung zeigt, dass es Faraday nicht an wohlberechtigtem Selbstbewusstsein fehlte. Wir werden davon noch weitere Beweise erhalten.

Im Jahre 1816 hat Faraday auch eine erste eigene Untersuchung veröffentlicht, und zwar in dem *Quaterly Journal*. Es war eine Analyse einer Art kaustischen Kalks von Toskana, welchen die Herzogin von Montrose an Davy geschickt hatte. Faraday selbst schrieb später darüber:

„Es war meine erste Mitteilung an das Publikum und sie war für mich in ihren Resultaten sehr wichtig. Sir Humphry Davy gab mir als ersten chemischen Versuch diese Analyse, zu einer Zeit, wo meine Furcht größer war als mein Selbstvertrauen, und beide weit größer als meine Kenntnisse, und zu einer Zeit, wo mir der Gedanke an eine selbständige wissenschaftliche Arbeit noch nie in den Sinn gekommen war. Die Beifügung der Anmerkungen Sir Humphry's und die Veröffentlichung meiner Arbeit ermutigten mich fortzufahren und von Zeit zu Zeit andere unbedeutende Mitteilungen zu machen. Ihre Übertragung aus dem Quarterly in andere Journale vermehrte meine Kühnheit und jetzt, da 40 Jahre verflossen sind, und ich auf die Resultate der ganzen Reihe der Mitteilungen zurückblicken kann, hoffe ich noch, so sehr sich auch ihr Charakter verändert hat, weder jetzt, noch vor 40 Jahren zu kühn gewesen zu sein."

Dieser ersten selbständigen Arbeit folgten bald weitere, welche zwar noch nicht von epochemachender Bedeutung waren, immerhin aber Zeugnis gaben von seiner scharfen Denkkraft und seinem erfinderischen Geiste. – Im Jahre 1821 verheiratete er sich mit Sarah Barnard. In seiner Gewissenhaftigkeit wünschte er den Tag feiner Vermählung wie jeden andern betrachtet zu sehen, und er beleidigte einige nahe Verwandte dadurch, dass er sie nicht zur Hochzeit einlud. In einem Briefe, den er an die Schwester seiner Frau vor der Hochzeit schrieb, sagt er:

„Auch nicht durch die Vorgänge eines einzelnen Tages soll Unruhe, Lärm oder Hast veranlaßt werden. Äußerlich wird der Tag wie alle anderen vergehen, denn es genügt, dass wir im Herzen Freude erwarten und suchen."

Wie sehr die hier ausgesprochene Hoffnung sich erfüllte, zeigt eine Notiz, die Faraday selbst viel später niederschrieb, und welche sich in einer Sammlung amtlicher, auf sein Leben bezüglicher Papiere vorfand:

„25. Januar 1847: Unter diesen Aufzeichnungen und Begebenheiten trage ich hiermit das Datum eines Ereignisses ein, welches mehr als alle übrigen eine Quelle von Ehre und Glück für mich wurde. Wir wurden getraut am 12. Juni 1821."

Es waren Faraday von nun an über vierzig Jahre des Glückes, der Zufriedenheit und der rastlosesten Arbeit beschieden. Von seinen äußeren Schicksalen ist wenig mehr zu berichten: sein Leben floss fortan ruhig dahin, er vertauschte die erste Stätte seines Wirkens mit keiner andern. Seine Arbeit aber war von einem geradezu beispiellosen Erfolge. Es würde kaum möglich sein, die Zahl der Entdeckungen anzugeben, die er gemacht hat. Und was für Entdeckungen! Einzelne von ihnen sind derart, dass sie allein genügen würden, einen unvergänglichen wissenschaftlichen Ruhm zu begründen. Er erschloss ganze und große neue Gebiete des Wissens. Aber er begnügte sich niemals damit, eine neue Erscheinung aufzufinden; er verfolgte den Gegenstand nach allen Richtungen mit unerschöpflichem Scharfsinne und nie ermüdender Beharrlichkeit; und er ruhte nicht eher, als bis Tatsache an Tatsache sich reihte, bis endlich aus der Fülle der einzelnen Erscheinungen ein klar erkennbarer Zusammenhang, ein Naturgesetz hervorleuchtete.

Diese Erfolge wurden hauptsächlich durch zwei große Eigenschaften bedingt: er war ein tiefer Denker und ein großer Experimentator; zudem war er – bei aller heitern Ruhe seines Wesens – eine tief ernste Natur. Seine Gewissenhaftigkeit erlaubte ihm erst von einem Gegenstände abzulassen, wenn er, soweit es seine Mittel zuließen, nach allen Richtungen hin erschöpft war. Seine Denkarbeit war keine streng geordnete. Die Ideen zu seinen Versuchen kamen ihm meist scheinbar plötzlich wie durch eine Eingebung, und er selbst wusste die Gedankenverbindung, die ihn dazu geführt hatte, später selten klar anzugeben. – Das Experimentierzimmer aber war seine eigentliche Heimat. Ein wohlgelungener Versuch versetzte ihn in Entzücken; und wenn er in dem Ergebnis desselben gar die Bestätigung einer auf Grund früherer Versuche gehegten Vermutung fand, so fühlte er eine Freude, die ihm nur nachempfinden kann, wer selbst, wenn auch in viel bescheidenerem Grade, ähnliche Freuden erlebt hat.

Leider muss es mir versagt bleiben, die gewaltige Lebensarbeit des großen Mannes ihrem eigentlichen Inhalte nach zu schildern. Ich müsste dazu chemische und physikalische Kenntnisse voraussetzen, welche nur durch gründliches Studium erworben werden können. Aber ganz übersehen dürfen wir diese großartigen Entdeckungen nicht, und deshalb will ich versuchen, durch einige Andeutungen wenigstens einen Begriff ihrer Tragweite zu geben.

Faraday's Arbeiten bewegten sich fast ausschließlich auf dem Gebiete der Elektrizität. Sie erstreckten sich freilich von hier aus auch auf die übrigen Zweige der Physik, aber nur insofern diese mit den elektrischen Erscheinungen im Zusammenhang stehen. Nur auf chemischem Gebiete hat er einige wichtige Untersuchungen ausgeführt, welche von seinen elektrischen Arbeiten unabhängig sind; sie fallen zum größten Teil in die ersten Jahre seiner wissenschaftlichen Tätigkeit, während er noch Davys Assistent war. – Von besonderer Bedeutung ist auch eine Untersuchung, welche sich auf dem höchst interessanten Grenzgebiete zwischen der Elektrizitätslehre und der Chemie bewegt.

Vor allem muss Faraday genannt werden als der Entdecker einer eigentümlichen Art von elektrischen Strömen, welche man als Induktionsströme zu bezeichnen pflegt. Er wurde damit der Begründer eines ganz neuen Zweiges der Elektrizitätslehre, auf welchem durch ihn und später durch andere Physiker die staunenswertesten Früchte gepflückt wurden. Diese wichtige Entdeckung ist keineswegs ein Werk des Zufalles gewesen. Vielmehr wurde Faraday durch Nachdenken über andere bekannte elektrische Erscheinungen auf eine ganz bestimmte Vermutung geführt, und er ruhte nicht, bis das Experiment ihm die Richtigkeit dieser Vermutung gezeigt hatte. – Die Induktionselektrizität ist nicht nur von außerordentlichem Interesse für die Wissenschaft; sie hat im Laufe der Zeit auch die wichtigsten Anwendungen im praktischen Leben gefunden. Zunächst in der Medizin. Die Heilerfolge der elektrischen Behandlungsmethode beruhten anfangs ausschließlich und noch jetzt zum größeren Teile auf einer Verwertung der Faraday'schen Induktionsströme. – Das Telefon lässt uns die Stimme eines fernen Freundes vernehmen vermittelst der Induktionsströme, welche durch die Schwingungen eines dünnen Eisenblättchens erzeugt werden. – Das elektrische Licht war früher eine außerordentliche, mehr das Staunen erweckende, als nützliche Erscheinung. Erst seitdem man es mittelst der, mit Faraday's Induktionsströmen arbeitenden Dynamomaschine viel wohlfeiler zu erzeugen vermag, ist es zu der eminenten praktischen Bedeutung gelangt, von der jetzt alle Welt erfüllt ist. Ähnlich ging es mit den Versuchen, die Elektrizität als Triebkraft zu verwenden. Zwar hat man schon längst elektrische Maschinen konstruiert, welche Arbeiten verrichten, ähnlich den Dampfmaschinen. Aber es war eine viel zu kostspielige Arbeit, und Maschinen dieser Art wurden wohl in kleinem Maßstabe als wissenschaftliche Kuriositäten hergestellt; eine nennenswerte praktische Bedeutung haben sie nicht erlangt. Erst die Anwendung von Maschinen mit Induktionsströmen hat den ungeheuren Aufschwung ermöglicht, der sich nun schon seit einer ganzen Reihe von Jahren vor unsern Augen vollzieht. Die elektrischen Straßenbahnen der Groß- und Mittelstädte werden durch Motoren in Bewegung gesetzt, welche ihrerseits von Induktionsströmen getrieben werden; und wenn man jetzt ernsthaft erwägt, ob nicht auch bei dem Betriebe der Vollbahnen die Dampfkraft vorteilhaft durch den elektrischen Strom ersetzt werden könnte, so ist die Lösung dieser Aufgabe nur zu denken unter Anwendung der Faraday'schen Ströme. Auch die Industrie hat sich dieses wichtige Hilfsmittel schon in der mannigfachsten Weise zunutze gemacht. – Dabei ist es von besonderer Wichtigkeit, dass die Elektrizität es ermöglicht, die unerschöpflichen, und meist noch unbenutzten Kräfte zu verwerten, welche die zu Tal stürzenden Bäche und Gebirgsströme in sich bergen. Wenn wir heute schon berechtigt sind, von dem Anbruche eines neuen, eines elektrischen Zeitalters zu sprechen, so muss der Name Faraday genannt werden, dessen unsterbliche Entdeckungen den sicheren Grund bilden, auf dem die heutige und die ihr folgenden Generationen ihren kühnen Bau errichten.

Weniger in die Augen fallend, aber für die Wissenschaft nicht minder wichtig sind Faraday's Untersuchungen auf dem Gebiete des Magnetismus. Seinem denkenden Geiste widerstrebte die Annahme, dass diese geheimnisvolle Kraft auf das Eisen beschränkt sein sollte, wie man früher glaubte. Und seine rastlosen Versuche zeigten ihm, dass er sich nicht getäuscht hatte. Seit Faraday wissen wir, dass alle Stoffe magnetisch sind, wenn auch dem Eisen diese Kraft in weit höherem Maße innewohnt, als allen andern. Aber seine Versuche ergaben noch ein weiteres, ganz unerwartetes Resultat: sie zeigten, dass es zwei verschiedene Arten von Magnetismus gibt, und dass jeder Körper entweder den gleichen Magnetismus besitzt wie das Eisen oder die zweite von ihm entdeckte Art. Diese letztere nannte er Diamagnetismus. – Auch an Kristallen beobachtete Faraday besondere magnetische Eigenschaften; und endlich entdeckte er höchst merkwürdige Einwirkungen der Magnete auf das Licht.

Die magnetischen Untersuchungen Faraday's haben für die Wissenschaft ein ebenso tiefes Interesse wie diejenigen der Induktionselektrizität. Sie haben freilich ähnliche praktische Erfolge bisher nicht aufzuweisen wie diese. Sind sie deshalb weniger wertvoll? Auf diese Frage gibt uns Faraday selbst – freilich mit Bezug auf einen anderen, aber verwandten Gegenstand – die beste Antwort. Er erzählt uns von Benjamin Franklin, dass er auf die Frage, wozu eine wissenschaftliche Entdeckung nutze, zu sagen pflegte: „Wozu nützt ein kleines Kind?" Und er gibt selbst die Antwort: „Bemüht euch, es nützlich zu machen!" – Ist es aber nicht auch ein Nutzen, wenn das Wissen des Menschen und damit sein Gesichtskreis sich erweitert? – Wenn der tiefere Einblick in den Gang der Weltordnung Geist und Gemüt erhebt?

Vielen wird es bekannt sein, dass man mittelst des elektrischen Stromes von körperlichen Gegenständen sogenannte galvanoplastische Abdrücke in Kupfer machen kann, worauf ein Verfahren der Vervielfältigung von Kunstgegenständen und dergl. beruht. Auch dünne Metallüberzüge kann man in ähnlicher Weise erzeugen und macht davon bei der galvanischen Versilberung, Vergoldung, Vernickelung etc. Gebrauch. Alles dieses sind sogenannte chemische Wirkungen des elektrischen Stromes, und es gibt deren eine sehr große Zahl. Faraday fand das Naturgesetz auf, welches allen diesen Wirkungen zugrunde liegt. Dasselbe ist nach ihm das Faradaysche Gesetz genannt worden.

Auch diese Entdeckung hatte viele Jahre hindurch nur ein Interesse für die reine Wissenschaft, ohne praktische Anwendung. In neuerer Zeit ist dies anders geworden, seitdem die chemische Industrie sich des elektrischen Stromes bemächtigt hat. Mit seiner Hilfe erzeugt sie heute eine Anzahl wichtiger Produkte vorteilhafter als früher, besonders da, wo ihr Wasserkräfte zur Verfügung stehen. Diese Erfolge wären ohne genaueste Kenntnis des Gesetzes, welches die chemischen Wirkungen des Stromes beherrscht, nicht möglich gewesen. So ist Faraday auch durch diese Arbeiten, wenn auch erst nach seinem Tode, zum Wohltäter der Menschheit geworden.

Faraday hat außer den kurz angeführten noch viele herrliche Entdeckungen gemacht. Sie schienen ihm wie von selbst zuzuströmen: aber in Wahrheit war eine jede durch die äußerste Anstrengung aller seiner Kräfte erkämpft. So konnte es denn auch nicht ausbleiben, dass endlich ein Zustand der Erschöpfung eintrat. Schon gegen Ende der dreißiger Jahre musste er oftmals seine Arbeit unterbrechen und Erholung in der erquickenden Wirkung ländlicher Ruhe suchen. Häufig war er tagelang nicht imstande mehr zu tun, als am offenen Fenster sitzend das Meer und den Himmel anzusehen, und nur der liebevollen Fürsorge seiner Frau ist es zu verdanken, dass er seinen Freunden und der Wissenschaft doch so lange erhalten blieb. – Im Jahre 1841 verschlimmerte sich sein Zustand derartig, dass er zu einer längeren Unterbrechung seiner Tätigkeit gezwungen war. Er suchte und fand Stärkung in einer Reise in die Schweiz. Wie sehr ihn diese gekräftigt hat, zeigt die Tatsache, dass viele seiner schönsten Entdeckungen nach derselben gemacht worden sind. Er lebte und wirkte noch bis in die Mitte der sechziger Jahre. 1866 trat ein bedeutendes Abnehmen der Kräfte ein, und am 25. August 1867 starb er zu Hampton Court, fast 76 Jahre alt.

*

Faraday war von der Natur mit seltenen Geistesgaben ausgestattet. Aber nicht diesen allein verdankte er die bewunderungswürdigen Erfolge seiner Forscherarbeit. Er war sich bewusst, dass große Gaben nicht genügen, um Großes zu leisten; sie sind im Gegenteil eine Verpflichtung, sie durch rastlosen Fleiß zu entwickeln und zu benutzen. Wer das nicht tut, der hat sie vergebens empfangen, er ist ein Verschwender des köstlichsten aller Güter. Auch im Reiche des Geistes gilt das schöne Wort: *„Noblesse oblige“*. Nie wäre der arme Buchbinder zum großen Naturforscher geworden, hätte er das nicht beherzigt. Als unter seinem zweiten Lehrherrn seine Zeit fast ganz und gar durch die Berufsgeschäfte erschöpft wurde, schrieb er an den öfters genannten Abbott:

> „Freiheit und Zeit habe ich womöglich noch weniger als zuvor, obgleich ich hoffe, dass meine Fähigkeit, sie zu benutzen, nicht zugleich abgenommen hat. Ich weiß wohl, welche unverbesserlichen Übelstände durch den Missbrauch dieser Segnungen erwachsen. Diese ließ mich der gesunde Menschenverstand erkennen, und ich verstehe nicht, wie Jemand, der über seinen eignen Stand, seine eignen freien Beschäftigungen, Vergnügungen, Handlungen etc. nachdenkt, dumm genug sein kann, um solchen Missbrauch zu begehen. Ich danke dem Helfer, welchem aller Dank gebührt, dass ich im Allgemeinen kein übertriebener Verschwender der Segnungen bin, welche mir als Mensch geworden sind: ich meine Gesundheit, lebhaftes Gefühl, Zeit und zeitliche Hilfsmittel.“

Sehr wesentlich wurde Faraday's Leistungsfähigkeit noch durch seinen außergewöhnlichen Ordnungssinn erhöht. Von dieser Eigenschaft schreibt sein Freund Tyndall, dass sie wie ein leuchtender Strahl durch alle Handlungen seines Lebens hinlief.

> „Auch die verwickeltsten und Verwirrtesten Angelegenheiten ordneten sich harmonisch unter seinen Händen. Die Art, wie er die Rechnungen führte, erregte die Bewunderung des Komitees der Royal Society. In seinen wissenschaftlichen Angelegenheiten herrschte dieselbe Ordnung. In seinen experimentellen Untersuchungen war jeder Paragraph nummeriert und durch beständige Rückbeziehungen mit den übrigen

> verknüpft. Seine glücklicherweise erhaltenen Privatnotizen sind in ähnlicher Weise nummeriert, der letzte Paragraph trägt die Zahl 16,041. Außerdem zeigte auch seine Arbeitsfähigkeit die teutonische Ausdauer. Er war eine impulsive Natur, allein hinter dem Impulse war eine Kraft, welche kein Rückweichen gestattete. Faßte er in warmen Augenblicken einen Entschluss, so führte er ihn bei kaltem Blute aus.“

Gewissenhaft, wie in der Benutzung der Zeit und seiner Geistesgaben, war er auch in der Auffassung der Ziele, die er sich steckte. Er pflegte zu sagen: „Es bedürfe zwanzig Jahre Arbeit, ehe man in physikalischen Dingen zum Manne heranreife; bis dahin befinde man sich im Zustande der Kindheit.“ – Ebenso ernst, wie seine Aufgabe als Forscher, nahm er seinen Beruf als Lehrer. Einer seiner Freunde, Mr. Magrath, besuchte regelmäßig Faraday's Vorlesungen, nur um für ihn alle Fehler zu notieren, welche er in der Ausdrucksweise oder in der Aussprache bemerken konnte. Die Liste derselben wurde stets mit Dank entgegengenommen. – Wie feurig er als Lehrer war und wie ihn zuweilen der Stoff hinriss, zeigt die Tatsache, dass er in jungen Jahren stets eine Karte vor sich hinlegte, worauf in großen Buchstaben das Wort „Langsam“ stand. Zuweilen übersah er dieselbe und sprach zu rasch: für solche Fälle hatte sein Diener den Befehl, die Karte von Neuem vor ihn hinzulegen. Wir ersehen hieraus zugleich, mit welcher Weisheit und Kraft er selbst diesen mächtigen inneren Strom einzudämmen wusste.

Es wurde schon erwähnt, dass Faraday der Sekte seiner Eltern bis zu seinem Lebensende angehörte. Dies geschah keineswegs aus äußerlicher Frömmigkeit. Er war vielmehr von Grund seines Wesens eine tiefreligiöse, pietätvolle Natur. Auch auf anderem Gebiete zeigt sich diese Richtung seines Gemütes. So schrieb er von der Reise am 14. April 1841 seiner Mutter:

„Als Sir H. Davy zuerst die Güte hatte, mich aufzufordern, ihn zu begleiten, sagte ich mir: ‚Nein, ich habe eine Mutter, ich habe Verwandte hier', und damals wünschte ich mir fast, einzeln und allein in London zu stehen. Aber jetzt bin ich froh, Jemanden hinterlassen zu haben, an den ich denken und dessen Handlungen und Beschäftigungen ich mir im Geiste ausmalen kann. Jede freie Stunde benutze ich dazu, um an die Meinigen zu Haus zu denken. Die Erinnerung an die Daheimgebliebenen ist meinem Herzen ein beruhigender und erfrischender Balsam trotz Krankheit, Kälte oder Müdigkeit."

Und in Unterlagen setzte er in sein Tagebuch die folgende Notiz:

„2. August 1841. Die Fabrikation von Schuhnägeln ist hier ziemlich bedeutend; und es ist hübsch der Arbeit zuzusehen. Ich liebe eine Schmiede und alles, was auf das Schmiedehandwerk Bezug hat. Mein Vater war ein Schmied."

Seinem Freunde, Professor Tyndall, schrieb er im Jahre 1855, als dieser missmutig war über Diskussionen, die er auf der Versammlung der englischen Naturforscher in Glasgow mit mehreren Fachgenossen gehabt hatte.

„Erlauben Sie mir als einem alten Manne, der durch Erfahrung klug geworden sein sollte, Ihnen zu sagen, dass ich, als ich jünger war, sehr oft die Absichten der Leute missverstand, und nachher fand, dass sie das, was ich voraussetzte, gar nicht gemeint hatten; ferner fand ich, dass es im Allgemeinen besser ist, etwas langsam in der Auffassung derjenigen Äußerungen zu sein, welche Sticheleien zu enthalten scheinen, hingegen alle diejenigen, welche freundliche Gesinnungen verraten, rasch zu erfassen. Die wirkliche Wahrheit kommt schließlich immer zu Tage, und man überzeugt einen Gegner, der im Irrtum ist, eher durch eine nachgiebige, als durch eine leidenschaftliche Antwort, Was ich sagen möchte ist, dass es besser ist, gegen die Wirkungen der Parteilichkeit blind zu sein, hingegen den guten Willen schnell anzuerkennen. Man fühlt sich selbst glücklicher, wenn man das tut, was zum Frieden führt. Sie können sich kaum vorstellen, wie oft ich bei mir selbst ergrimmte, wenn ich mich, meiner Meinung nach, ungerecht und oberflächlich angegriffen sah; und doch habe ich gesucht, und wie ich hoffe, ist es mir gelungen, niemals in demselben Ton zu antworten. Und ich weiß, dass ich nie dadurch verloren habe. Ich würde Ihnen dies Alles nicht sagen, ständen Sie als wahrer Forscher und Freund nicht so hoch in meiner Achtung."

Faraday bezeichnet sich selbst als demütig: „aber", fügt er hinzu, „es wäre ein großer Irrtum, zu denken, ich sei nicht auch zugleich stolz".

„Diese Doppelnatur zeigte sich – so schreibt Tyndall – überall in seinem Charakter, Er war ein Demokrat in seinem Misstrauen gegen jede Autorität, welche seine Gedankenfreiheit zu beschränken suchte, und dennoch war er stets bereit, sich in Ehrerbietung zu beugen vor Allem, was der Ehrerbietung wert war, sei es in den Sitten der Welt oder im Charakter der Menschen."

Wie sein Selbstbewusstsein schon früh erwachte, haben wir bereits an einzelnen Beispielen erfahren. Die folgende Stelle aus einem Briefe an Abbott vom 1. Juni 1813 ist ein neuer Beleg dafür; sie zeigt uns zugleich, wie scharf Faraday beobachtete, wie er stets bemüht war, sein Urteil zu bilden und aus seinen Beobachtungen zu lernen:

„Die Gelegenheit, die ich neuerdings hatte, Vorlesungen von den verschiedenen Professoren zu hören und Belehrungen von ihnen zu empfangen, während sie ihren amtlichen Pflichten nachkamen, hat mich in den Stand gesetzt, ihre verschiedenen Gewohnheiten, Eigentümlichkeiten, Trefflichkeiten und Mängel zu beobachten, wie sie mir während des Vortrags klar geworden sind. Ich ließ auch diese Äußerungen der Persönlichkeit meiner Beobachtung nicht entgehen und, wenn ich mich befriedigt fühlte, suchte ich dem besonderen Umstande, der mir solchen Eindruck gemacht hatte, auf die Spur zu kommen. Ich beobachtete ferner die Wirkung, welche die Vorlesungen von Brande und Powell auf die Zuhörer ausübten und suchte mir klar zu machen, warum dieselben gefielen oder missfielen.

Es mag vielleicht eigentümlich und ungehörig erscheinen, dass Jemand, der selbst völlig unfähig zu einen! solchen Amte ist, und der nicht einmal auf die dazu nötigen Eigenschaften Anspruch machen kann, sich erkühnt, Andere zu tadeln und zu loben; seine Zufriedenheit über dieses, sein Mißfallen über jenes auszudrücken, wie sein Urteil ihn grade leitet, während er die Unzulänglichkeit seines Urteils zugibt. Aber, bei näherer Betrachtung finde ich die Ungehörigkeit nicht so groß. Bin ich dazu unfähig, so kann ich offenbar noch lernen; und wodurch lernt man mehr, als durch Beobachtung Anderer? Wenn wir niemals urteilen, werden wir nie richtig urteilen, und es ist viel besser, unsere geistigen Gaben gebrauchen lernen (und wäre ein ganzes Leben diesen! Zwecke gewidmet), als sie in Trägheit zu begraben, eine traurige Öde hinterlassend."

Sehr bezeichnend für seinen Charakter ist ferner das folgende Erlebnis aus dem Jahre 1821. Durch eine sehr merkwürdige, auf die Induktionsströme bezügliche Entdeckung war er mit einem ausgezeichneten Physiker, Wollaston, in eine gewisse Differenz gekommen, da dieser in ähnlicher Richtung arbeitete. Von mehreren Seiten beschuldigte man ihn, in dieser Sache nicht vollkommen ehrenhaft verfahren zu sein. Die tiefe Kränkung, die er darüber empfand, und die sittliche Entrüstung, mit der er die unbegründeten Vorwürfe zurückweist, können wir nicht besser kennen lernen, als durch seine eigenen Worte. Am 8. Oktober schrieb er an J. Stodart:

„Ich höre täglich mehr von diesen Gerüchten und fürchte, dass sie, wenn ich auch nur davon flüstern höre, doch unter den Männern der Wissenschaft laut genug besprochen werden; und da dieselben zum Teil meine Ehre und Redlichkeit angreifen, so liegt mir viel daran, sie zu beseitigen, oder sie wenigstens insoweit als irrtümlich zu erweisen, als sie meine Ehre angreifen. Sie wissen sehr wohl, welchen Kummer mir diese unerwartete Aufnahme meiner Abhandlung im Publikum gemacht hat und Sie werden sich deshalb nicht wundern, wenn mir alles daran liegt, diesen Eindruck los zu werden, obgleich ich dadurch Ihnen und anderen Freunden Mühe mache. Wenn ich recht verstehe, so klagt man mich an: 1. dass ich die Belehrungen, welche ich empfing, indem ich Sir Humphry Davy bei seinen Versuchen über diesen Gegenstand assistierte, nicht ausdrücklich erwähnt habe; 2. dass ich über die Theorie und Ansichten von Dr. Wollaston geschwiegen habe; 3. dass ich die Sache ausgenommen habe, während Dr. Wollaston daran war, sie zu bearbeiten und 4. dass ich in nicht ehrenhafter Weise Dr. Wollaston's Gedanken mir angeeignet und ohne dies anzuerkennen, sie bis zu den Ergebnissen verfolgt habe, die ich herausbrachte.

Es liegt etwas Erniedrigendes im Zusammenhange dieser Anklage, und wäre die letzte darunter richtig, so fühle ich, dass ich nicht in dem freundschaftlichen Verhältnisse bleiben könnte, in dem ich jetzt mit Ihnen und anderen wissenschaftlichen Männern stehe. Meine Liebe für wissenschaftlichen Ruhm ist noch nicht so groß, dass sie mich verleiten sollte, ihm aus Kosten der Ehre nachzustreben, und meine Sorge, diesen Flecken abzuwaschen, ist so groß, dass ich mich nicht scheue, Ihre Mühe auch über das gewöhnliche Maß hinaus in Anspruch zu nehmen ..."

Am 30. Oktober schreibt er direkt an Wollaston:

„Wenn ich Unrecht getan habe, so war es ganz gegen meine Absicht, und der Vorwurf, dass ich unehrenhaft gehandelt hatte, ist unbegründet. Ich bin kühn genug, mein Herr, um eine Unterredung von wenigen Minuten, diesen Gegenstand betreffend, zu bitten; meine Gründe dazu sind: ich möchte mich rechtfertigen und Sie versichern, dass ich große Verpflichtungen gegen Sie zu haben fühle, dass ich Sie hochachte, dass ich um Alles die unbegründeten Voraussetzungen, die gegen mich sprechen, widerlegen möchte; und wenn ich Unrecht getan habe, möchte ich Abbitte leisten."

Die Verständigung mit Wollaston muss eine vollständige gewesen sein; wenigstens war dieser der erste, welcher anderthalb Jahre später den Antrag stellte, Faraday zum Mitgliede der *Royal Society*, der ersten wissenschaftlichen Gesellschaft Englands, zu ernennen, und Faraday selbst sprach sich später rückhaltlos über Wollaston's Hochherzigkeit und Wohlwollen zu ihm aus. Andere, und besonders sein Lehrer Davy, haben sich nicht so leicht überzeugen lassen, und Faraday hatte den Schmerz, seine Kandidatur für die *Royal Society* gerade von Davy auf das Heftigste bekämpft zu sehen. Schließlich aber legte sich der Sturm und seine Wahl erfolgte am 8. Januar 1824.

Noch eine andere Begegnung, aus dem Jahre 1836, zeigt uns, wie Faraday, wenn es nötig war, seine Manneswürde zu wahren wusste. Die englische Regierung hatte ihm, in Anerkennung seiner großen Verdienste, ein Ehrengehalt zugedacht. Die Sache war ihm von Anfang an unsympathisch und er hätte sie am liebsten zurückgewiesen. Er ließ sich aber umstimmen, und so hatte er in dieser Angelegenheit eine Audienz bei dem Minister Lord Melbourne. Der letztere tat dabei die ungeschickte Äußerung, dass er derartige Pensionen hasse und sie für Humbug halte. Faraday brach darauf sofort die Unterredung ab; er gab jedoch noch am Abend desselben Tages an Lord Melbournes Bureau den folgenden Brief ab:

„An den sehr ehrenwerten Lord Viscount Melbourne, Lordschatzmeister.

26. Oktober.

Mylord! Da die Unterredung, welche ich die Ehre hatte, mit Eurer Herrlichkeit zu führen, mir Gelegenheit gab, die Ansichten kennenzulernen, welche Eure Lordschaft über Gelehrten-

> pensionen im allgemeinen hegen, so fühle ich mich veranlaßt, eine derartige Begünstigung, welche Eure Lordschaft mir zudenkt, hiermit ehrfurchtsvoll abzulehnen; denn ich fühle, dass es keinerlei Genugtuung für mich wäre, aus Eurer Lordschaft Händen etwas zu empfangen, was unter der äußeren Form einer Anerkennung eine ganz andere, von Eurer Lordschaft so nachdrücklich bezeichnete Bedeutung haben würde."

Den weiteren Verlauf der Sache schildert Tyndall mit folgenden Worten:

> „Der gutmütige Edelmann sah die Sache anfänglich als einen ausgezeichneten Scherz an, späterhin aber wurde er veranlaßt, sie ernster aufzufassen. Eine vortreffliche Dame, welche sowohl mit Faraday als mit dem Minister befreundet war, versuchte die Sache wieder ins Geleise zu bringen, allein sie fand es sehr schwer, Faraday aus der einmal angenommenen Stellung herauszubringen. Nach vielen erfolglosen Anstrengungen bat sie ihn, anzugeben, was er von Lord Melbourne verlangen würde, um seinen Entschluß zu ändern. Er erwiderte: ‚Ich würde einen Wunsch ausdrücken, dessen Gewährung ich weder erwarten, noch fordern kann, nämlich eine schriftliche Entschuldigung über die Ausdrücke, welche er sich mir gegenüber zu gebrauchen erlaubte'. Die verlangte Entschuldigung wurde aufrichtig und vollständig gegeben, und gereicht meiner Ansicht nach sowohl dem damaligen Premier als dem Gelehrten zur Ehre."

Ganz besonders wohltuend berührt sein Verhältnis zu dem Prof. Tyndall, dem wir so viele pietätvolle Aufzeichnungen über Faraday verdanken. Auch Tyndall ist einer der ausgezeichnetsten Naturforscher; er hat sich durch zahlreiche vortreffliche Arbeiten berühmt gemacht, u.a. durch eine Reihe vorzüglicher Untersuchungen über die Gletscher, die er auf mühsamen und oft gefahrvollen Expeditionen in den Hochalpen belauschte. Tyndall ist um viele Jahre jünger als Faraday; aber beide Männer schlossen eines jener innigen Freundschaftsbündnisse, wie sie die Geschichte nur in wenigen Fällen verzeichnet hat. Die folgenden Aufzeichnungen Tyndall's, welche aus diesem vertrauten Umgange hervorgegangen sind, mögen die vorstehende Skizze beschließen.

Von Faraday's äußerer Erscheinung schreibt Tyndall:

„Ich habe Faraday bei meiner Rückkehr von Marburg im Jahre 1850 zum ersten Male gesehen ... Ich bemerkte sofort den Ausdruck von Freundlichkeit und Intelligenz, den seine Gesichtszüge auf das Wunderbarste Wiedergaben. So lange er gesund war, dachte man nie an sein Alter; und blickte man in seine klaren, vor Heiterkeit strahlenden Augen, so vergaß man völlig sein graues Haar".

Faraday war von einfachen Gewohnheiten. Aber „es war – wie Tyndall sagt – keine Spur des Asketen in seiner Natur. Er zog den Wein und das Fleisch des Lebens den Heuschrecken und dem wilden Honig vor". Besonders empfänglich war er für das Glück der Freundschaft und die Liebe der Menschen. „Tyndall – sagte er einst – der süßeste Lohn für meine Arbeit ist die Sympathie und die Anerkennung, welche mir aus allen Teilen der Welt zufließen."

Aus der Zeit des Alters schreibt Tyndall:

„Um jene Zeit, ehe er sich die Ruhe gönnte, welcher er sich in den zwei letzten Lebensjahren hingab, schrieb er mir den folgenden Brief – einen der vielen unschätzbaren Briefe, welche jetzt vor mir liegen, worin sein damaliger Geisteszustand besser geschildert ist, als dies eine andere Feder zu tun vermöchte. Ich war zuweilen in seiner Gegenwart wegen meiner Unternehmungen in den Alpen getadelt worden, allein seine Antwort lautete immer: ‚Laßt ihn nur gewahren, er wird sich schon in acht zu nehmen wissen'. In diesem Brief jedoch kommt zum ersten Mal eine gewisse Ängstlichkeit in bezug hierauf zum Vorschein:

Hampton Court, 1. August 1864. Lieber Tyndall! Ich weiß nicht, ob mein Brief Sie erreichen wird, allein ich will es immerhin wagen – obwohl ich mich recht wenig geeignet fühle, mit Jemandem zu verkehren, dessen Dasein so voll Leben und Unternehmungsgeist ist, wie das Ihrige. Allein Ihr lieber Brief tat mir kund, dass ich, obwohl ich ganz vergeßlich werde, doch nicht vergessen worden bin; und obwohl ich nicht imstande bin, am Schlusse einer Zeile mich des Anfangs derselben zu erinnern, so werden doch diese unvollkommenen Zeichen Ihnen den Sinn dessen geben können, was ich Ihnen zu sagen wünsche. Wir hatten von Ihrer Krankheit durch Miß Moore gehört, und ich war deshalb sehr froh zu erfahren, dass Sie wieder hergestellt sind. Seien Sie aber nicht allzu kühn, und setzen Sie Ihr Glück nicht in das Bestehen oder Aufsuchen von Gefahren. Zuweilen bin ich ganz müde, wenn ich nur an Sie und an das, was Sie jetzt noch vornehmen, denke; und dann tritt wieder eine Pause oder eine Änderung in den Bildern, ein, allein ohne dass ich dabei zur Ruhe käme. Ich weiß, dass dies in hohem Grade von meiner eigenen erschöpften Natur herrührt; und ich weiß nicht, warum ich dies schreibe; während ich Ihnen schreibe, muss ich jedoch daran denken und diese Gedanken verhindern mich, auf andere Gegenstände zu kommen ...“

Und weiter:

„Es war mein Streben und mein Wunsch, die Stelle Schiller's bei diesem Goethe einzunehmen; und er war zu Zeiten so freudig und kräftig, körperlich so rüstig und geistig so klar, dass mir oft der Gedanke kam, auch er werde, wie Goethe, den jüngeren Mann überleben. Das Schicksal wollte es anders, und jetzt lebt er nur noch in unser Aller Erinnerung. Aber wahrlich, kein Andenken könnte schöner sein. Geist und Herz waren gleich reich bei ihm. Die schönsten Züge, die der Apostel Paulus von einem Charakter entworfen hat, fanden bei ihm die vollkommenste Anwendung. Denn er war ohne Tadel, wachsam, mäßig, von gutem Betragen, geneigt zur Lehre und nicht dem irdischen Gewinn ergeben.“

*

Erste Vorlesung

Die Kerze. Ihre Flamme. Schmelzen des Brennstoffs. Kapillarität des Dochtes. Die Flamme ein brennender Dampf. Gestalt und Teile der Flamme. Der aufsteigende Luftstrom. Andere Flammen.

*

Die Naturgeschichte einer Kerze wählte ich schon bei einer früheren Gelegenheit zum Thema meines Vortrags, und stände die Wahl nur in meinem Belieben, so möchte ich dieses Thema wohl jedes Jahr zum Ausgang meiner Vorlesungen nehmen, so viel Interessantes, so mannigfache Wege zur Naturbetrachtung im Allgemeinen bietet dasselbe dar. Alle im Weltall wirkenden Gesetze treten darin zutage oder kommen dabei wenigstens in Betracht, und schwerlich mochte sich ein bequemeres Tor zum Eingang in das Studium der Natur finden lassen.

Vorweg mochte ich mir die Bitte an meine Zuhörer erlauben, bei aller Bedeutung unseres Gegenstandes und allein Ernst der wissenschaftlichen Behandlung desselben doch von den Älteren unter uns absehen zu dürfen und das Vorrecht zu beanspruchen, als junger Mann zu jungen Leuten zu sprechen, wie ich es früher bei ähnlicher Veranlassung getan; und wenn ich mir auch bewusst bin, dass meine hier gesprochenen Worte in weitere Kreise hinausdringen, so soll mich dies doch nicht abhalten, den früher gewohnten Familienton gegen die mir Nächststehenden auch in den gegenwärtigen Vorlesungen anzuschlagen.

Kerzenfabrikation

Zuerst muss ich Euch, meine lieben Knaben und Mädchen, wohl erzählen, woraus Kerzen verfertigt werden. Da lernen wir denn ganz sonderbare Dinge kennen. Hier habe ich etwas Holz, Baumzweige, deren leichte Brennbarkeit Euch ja bekannt ist – und hier seht Ihr ein Stückchen von einem sehr merkwürdigen Stoffe, der in einigen Moorsümpfen Irlands gefunden wird, sogenanntes „Kerzenholz"; es ist dies ein vorzüglich hartes, festes Holz, als Nutzholz vortrefflich verwendbar, da es sich sehr dauerhaft zeigt, bei alledem aber so leicht brennend, dass man an seinen Fundorten Späne und Fackeln daraus schneidet, die wie Kerzen brennen und wirklich ausgezeichnetes Licht geben, sodass wir hierin die natürlichste Kerze, eigentlich eine Naturkerze vor uns sehen.

Wir haben hier indes besonders von Kerzen zu sprechen, wie sie im Handel Vorkommen. Hier sind zunächst etliche sogenannte gezogene Lichte. Dieselben werden auf folgende Weise verfertigt: baumwollene Schnüre werden mit einer Schlinge an einem Stab aufgehängt, in geschmolzenen Talg eingetaucht, herausgezogen und abgekühlt, dann wieder eingetaucht, und dieses Verfahren so lange fortgesetzt, bis eine genügende Menge Talg rings um den baumwollenen Docht hängen geblieben ist, und so die Kerze die gewünschte Dicke erhalten hat. Die große Verschiedenartigkeit der Kerzen könnt Ihr recht deutlich an denen sehen, welche ich hier in der Hand halte; diese sind auffällig dünn, sie wurden ehedem von den Bergleuten in den Kohlenbergwerken gebraucht. In früheren Zeiten musste sich der Bergmann seine Kerzen selbst verfertigen; aus Sparsamkeit nun, besonders aber wohl, weil man der Meinung war, die Grubengase würden von einer kleinen Flamme nicht so rasch entzündet wie von einer großen, machte man die Kerzen so dünn, dass 20, 30, 40, ja 60 auf das Pfund gingen. Statt Ihrer kamen die Davy'sche und verschiedene andere Sicherheitslampen in Gebrauch. – Hier seht Ihr dagegen eine Kerze, welche Oberst Pasley aus dem untergegangenen Schiff „Royal-George“ entnommen hat. Viele Jahre lang auf dem Meeresgrund der Einwirkung des Seewassers ausgesetzt, überdies geschunden und zerknickt, zeigt sie uns, wie gut sich eine Kerze konservieren kann; denn angezündet brennt sie, wie Ihr hier seht, ganz gleichmäßig fort, und der schmelzende Talg bewährt sich völlig in seinen ursprünglichen Eigenschaften.

Herr Field in Lambeth hat mir viele sehr gute Zeichnungen und Materialien aus der Kerzenfabrikation zugestellt, mit denen ich Euch bekannt machen werde. Hier zunächst ist Nierenfett, Rindertalg, ich glaube russischer Talg, aus dem die gezogenen Lichte gemacht werden. Dieser Talg wird nach einem von Gay-Lussac herrührenden Verfahren in die schöne Substanz verwandelt, die Ihr daneben liegen seht. Ihr wisst, dass unsere jetzigen Kerzen nicht so beschmutzend abfetten, wie diese Talglichter, sondern ganz sauber sind, und dass man herabgefallene Tropfen abkratzen und pulverisieren kann, ohne etwas zu beschmutzen. Das Verfahren ist folgendes: Der Talg wird zuerst mit gelöschtem Kalk gekocht, wodurch eine Art Seife gebildet wird; diese Seife wird dann durch Schwefelsäure zersetzt, welche den Kalk fortnimmt und das veränderte Fett als Stearinsäure zurücklässt. Zugleich wird etwas Glyzerin, eine sirupartige Flüssigkeit, gebildet. Durch Auspressen wird sodann alles Ölige entfernt und Ihr seht hier einige Presskuchen, an denen sich zeigt, dass die Unreinigkeiten je nach der Stärke des Druckes allmählich mehr und mehr entfernt werden; die zurückgebliebene Masse wird nun geschmolzen und zu Kerzen gegossen, wie sie hier vor uns liegen. Die Kerze, welche ich hier in der Hand habe, ist eine auf dem beschriebenen Wege hergestellte Stearin-Kerze. Daneben habe ich eine Wallrath-Kerze, aus dem gereinigten Fett des Pottfisches verfertigt; ferner seht Ihr hier gelbes und weißes Wachs, woraus Kerzen gemacht werden; hier eine merkwürdige Substanz, das aus irischen Sümpfen gewonnene Paraffin[4], so wie einige Paraffinkerzen, und endlich hier noch eine Substanz, die aus Japan bei uns eingeführt wird, seitdem wir den Zugang zu diesem fernen Lande erzwungen haben, eine Art Wachs, welches mir ein guter Freund gesandt hat, und welches ein neues Material für die Kerzenfabrikation bildet.

Wie werden nun diese Kerzen verfertigt? Soeben habe ich Euch von gezogenen Lichten erzählt und will Euch nun auch sagen, wie die gegossenen gemacht werden. Nehmen wir an, irgendeine dieser Kerzen bestehe aus einem Material, das gegossen werden kann. „Gegossen", sagt Ihr. „Nun, eine Kerze ist doch ein Ding, das schmilzt, und was sich schmelzen lässt, das lässt sich doch wohl auch gießen." Durchaus nicht! Es ist gar merkwürdig, wie sich im Verlauf der praktischen Arbeit Hindernisse in den Weg stellen, die man vorher durchaus nicht erwartete. Es kann nicht jede Art Kerzen gegossen werden. So ist z.B. das Wachs eine Substanz, die sehr gut brennt und in einem Lichte zwar leicht schmilzt, aber doch nicht gegossen werden kann; ich werde nachher die Fabrikation der Wachskerzen kurz angeben, jetzt aber zunächst bei den Materialien verweilen, die sich gießen lassen.

---

4 Das Paraffin für die Kerzenfabrikation wird jetzt aus einer besonderen Art Braunkohlen, aus sogenannten bituminösen, d.h. von organischen Stoffen durchsetzten Schiefern und ähnlichen Rohstoffen gewonnen, indem man dieselben in geschlossenen Gefäßen stark erhitzt. Dadurch erhält man Leuchtgas, Teer, Kotes und andere Produkte; das Paraffin wird dann aus dem Teer durch weitere Verarbeitung gewonnen. Auch bei der Reinigung des Petroleums erhält man ein geringerwertiges Paraffin als Nebenprodukt.

Hier ist ein Rahmen mit einigen Gießformen, in die zunächst der Docht eingefügt wird. Hier habe ich einen geflochtenen Docht, der nicht geputzt zu werden braucht, an einem kleinen Draht hängen; er reicht bis unten hinab, wo er angepflöckt wird, sodass das Pflöckchen ihn zugleich straff hält und die untere Öffnung völlig schließt, damit nichts Flüssiges hindurch kann. Oben hat die Form einen Quersteg, der den Docht richtig in der Mitte gespannt hält. Nun werden die Formen mit der geschmolzenen Talgmasse vollgegossen. Nach dem Erkalten der Formen wird der oben überstehende Talg glatt abgeputzt und die Enden des Dochtes abgeschnitten, sodass jetzt nur die Kerzen in den Formen bleiben, und um sie heraus zu bekommen, braucht man diese nur umzudrehen, wie ichs hier tue. Die Formen sind nämlich kegelförmig, d.h. oben enger als unten, und da die Kerzen beim Erkalten sich noch dazu ein wenig zusammenziehen, so fallen sie schon bei geringem Schütteln heraus.

Ganz ebenso werden auch die Stearin- und Paraffin-Kerzen gemacht.

Eigentümlich ist die Fabrikation der Wachskerzen. Baumwollene Dochte werden, wie Ihr es hier seht, an einen Rahmen aufgehängt und ihre Enden mit Metallhütchen bedeckt, damit sie von Wachs frei bleiben. Sie werden in die Nähe des Ofens gebracht, in welchem das Wachs geschmolzen wird. Wie Ihr seht, kann das Gestell gedreht werden, und letzteres geschieht, während ein Arbeiter das geschmolzene Wachs an einem Docht nach dem andern hinab gießt; die so gebildete erste Schicht um den Docht herum wird nach dem Erstarren mit einer zweiten überzogen und so lange auf diese Weise fortgefahren, bis die Kerzen die gewünschte Dicke erlangt haben; alsdann werden sie abgenommen und auf einer polierten Steinplatte glatt gerollt, die Enden beschnitten und abgeputzt. Die Arbeiter erlangen dabei eine solche Fertigkeit, dass genau vier oder sechs Kerzen, oder wie viel eben verlangt werden, auf das Pfund gehen.

Ich will beiläufig auch einen Luxus erwähnen, der in der Kerzenfabrikation getrieben wird, teils in Farben, teils in Formen. Seht, wie wunderschön diese Kerzen hier gefärbt sind! Malvenblau, Magenta und alle die neu erfundenen prächtigen Farben sind hier zur Verschönerung verwendet. In dieser Kerze hier zeigt sich in wundervoller Form eine gekehlte Säule und hier habe ich mit bunten Blumen schön bemalte Kerzen, die angezündet oben eine strahlende Sonne und darunter einen blühenden Garten darstellen. Indes, nicht alles Schöne ist auch nützlich, und diese gekehlten Kerzen z.B. sind bei ihrem schönen Ansehen doch schlechte Kerzen, und zwar gerade infolge ihrer äußeren Form; durch dergleichen Verfeinerungen wird meistens die Brauchbarkeit beeinträchtigt. Indes wollte ich Euch auch diese Kerzen, welche mir gute Freunde von allen Seiten sandten, zeigen, damit Ihr sehen könnt, was auch in dieser Hinsicht geleistet wird. Aber, wie ich sagte, wenn wir diese Verfeinerungen wollen, so müssen wir einigermaßen die Zweckmäßigkeit opfern.

Ich wende mich nunmehr zu unserem eigentlichen Thema, zunächst zur F l a m m e der Kerze. Wir wollen eine oder zwei anzünden und so in Ausübung ihrer eigentümlichen Funktionen setzen. Ihr bemerkt, wie ganz verschieden eine Kerze von einer Lampe ist. Bei einer Lampe hat man den mit Öl gefüllten Behälter, in welchen der aus Moos oder Baumwolle bereitete Docht gebracht wird; das Dochtende zündet man an, und wenn die Flamme bis zum Öl hinab gekommen, verlöscht sie dort, brennt aber in dem höher gelegenen Teile des Dochtes fort. Nun werdet Ihr unzweifelhaft fragen, wie es kommt, dass das Öl, welches für sich nicht brennen will, zur Spitze des Dochtes gelangt, wo es brennt; wir werden das sogleich untersuchen. Aber bei dem Brennen einer Kerze geschieht noch etwas weit Merkwürdigeres. Hier haben wir eine feste Masse, die keinen Behälter braucht – wie kann wohl diese Masse da hinaufgelangen, wo wir die Flamme sehen, da sie doch nicht flüssig ist? Oder, wenn sie in eine Flüssigkeit verwandelt ist, wie kann sie dabei doch in festem Zusammenhalt bleiben? Wahrlich ein merkwürdig Ding, so eine Kerze!

Die Kerzenflamme, das Schälchen

Wir haben hier einen starken Luftzug, der uns bei manchen Experimenten förderlich ist, bei anderen aber schädlich sein kann. Um darin eine Regelmäßigkeit zu erlangen und die Sache zu vereinfachen, werde ich eine ganz ruhige Flamme herstellen; denn wie kann man einen Gegenstand untersuchen, wenn Nebenumstände in den Weg treten, die gar nicht zu demselben gehören? Hier können wir von den Marktweibern lernen, die des Abends auf offener Straße feilhalten. Ich habe das oft bewundert. Sie umgeben das Licht mit einem Zylinder, der von einer Art Galerie getragen wird, welche die Kerze umklammert und nach Bedürfnis höher oder niedriger gestellt werden kann. Mittelst dieses Zylinders erhält man eine beständige Flamme, die man genau betrachten und sorgsam untersuchen kann, wie Ihr es hoffentlich zu Hause tun werdet.

Da bemerken wir denn zunächst, wie die oberste Schicht der Kerze gleich unter der Flamme sich einsenkt zu einer hübschen Schale. Die zur Kerze gelangende Luft nämlich steigt infolge der Strömung, welche die Flammenhitze bewirkt, nach oben und kühlt dadurch den Mantel der Kerze ab, also dass der Rand des Schälchens kühler bleibt und weniger einschmilzt als die Mitte, während auf diese die Flamme am meisten einwirkt, da sie so weit als möglich am Docht herabzulaufen strebt. So lange die Luft von allen Seiten gleichmäßig zuströmt, bleibt unser Schälchen vollkommen waagerecht, sodass die darin schwimmende geschmolzene Kerzenmasse ebenfalls waagerecht darin stehen bleiben muss; stelle ich aber einen seitlichen Luftstrom her, so wird alsbald das Schälchen schief und läuft die flüssige Masse an der Seite herab – jenes wie dieses nach demselben Gesetz der Schwere, welches die Welten treibt und zusammenhält. Ihr seht also, dass die Schale durch den gleichmäßig aufsteigenden Luftstrom gebildet wird, welcher das Äußere der Kerze von allen Seiten umspielt und es dadurch kalt hält. Nur solche Stoffe können zu Kerzen verwendet werden, welche die Eigenschaft besitzen, beim Brennen ein derartiges Schälchen zu bilden. Ausgenommen von dieser Regel ist das vorhin gezeigte irische Kerzenholz, welches selbst gleich einem Schwamm seinen eigenen Brennstoff festhält. Ihr könnt Euch nun auch selbst erklären, weshalb ich von der praktischen Brauchbarkeit dieser schon geformten gekehlten Kerzen so ungünstig sprach; bei ihnen kann ja das Schälchen nicht den vollkommenen Rand haben, sondern muss abwechselnd Hebung und Einsenkung erhalten. Diese schön aussehenden Kerzen brennen schlecht, sie träufeln ab, weil durch die Unebenheit des Mantels die Gleichmäßigkeit des Luftstromes gestört und dadurch wieder die regelmäßige Form des Schälchens verhindert wird. Also nicht auf schönes Aussehen, sondern auf praktische Brauchbarkeit kommt es hier an.

Wir können hier einige hübsche Beispiele für die Wirkung des aufsteigenden Luftstroms beobachten, die Ihr Euch wohl merken könnt. Hier ist ein wenig Abgeträufeltes an der Seite der Kerze herabgeflossen und hat sie da etwas dicker gemacht als an anderen Stellen; während nun die Kerze ruhig weiter herab brennt, bleibt jenes an seiner Stelle und bildet eine kleine, über den Rand der Schale hervorragende Säule; da es immer höher zu stehen kommt als das übrige Wachs und weiter von der Mitte entfernt ist, so kann die Luft besser dazu gelangen, es also auch mehr abkühlen und somit geeigneter machen, der Einwirkung der Hitze in so kleiner Entfernung zu widerstehen. So führen, wie in vielen anderen Fällen, auch bei unserer Kerze selbst Missgriffe und Fehler zu unserer Belehrung, die wir auf anderem Wege vielleicht schwerlich erlangt hätten. Wir werden so unwillkürlich zu Naturforschern; und ich hoffe, Ihr werdet immer daran denken, dass Ihr bei jedem Vorgange, besonders wenn er Euch neu ist, fragen solltet: „Was ist die Ursache? Wie geht das zu?" und im Laufe der Zeit werdet Ihr den Grund finden.

Der Docht

Eine andere Frage, welche eine Antwort erfordert, ist: Wie gelangt der Brennstoff der Kerze aus dem Schälchen den Docht hinauf an den Verbrennungsort? Ihr wisst, dass bei Wachs-, Stearin-, Wallrath-Kerzen die Flamme am brennenden Docht nicht herunterläuft zum Brennstoff und diesen ganz fortschmilzt, sondern dass sie an ihrem Platze oben bleibt, getrennt von dem Flüssigen darunter und ohne sich an dem Rand der Schale zu vergreifen. Ich kann mir kein schöneres Beispiel von Anpassung denken: um die beste Wirkung hervorzubringen, ist in der Kerze jeder Teil dem andern dienstbar. Es ist mir ein wundervoller Anblick, diesen brennbaren Stoff so allmählich abbrennen zu sehen, ohne je von der Flamme ergriffen zu werden, zumal wenn man dabei erwägt, welche Kraft der Flamme innewohnt, das Wachs zu zerstören, wenn sie ihm zu nahe kommt.

Kapillarität des Dochtes

Wie aber erfasst nun die Flamme den Brennstoff? Durch k a p i l l a r e A n z i e h u n g! „Kapillare Anziehung?", fragt Ihr. „Haarröhrchen-Anziehung?" Nun, der Name tut nichts zur Sache – man hat ihn zu Zeiten gegeben, wo man noch gar kein rechtes Verständnis von der Kraft hatte, die er bezeichnen sollte. Die Wirkung dieser sogenannten Kapillar-Anziehung ist, dass der Brennstoff an den Verbrennungsort hingeleitet und abgesetzt wird, und zwar nicht von ungefähr, sondern hübsch ordentlich gerade in die Mitte des Herdes, auf dem der Prozess vor sich geht.

Um Euch den Vorgang deutlicher zu machen, will ich etliche Beispiele von kapillarer Attraktion anführen. Vermöge dieser Kraft können zwei Körper, die nicht ineinander übergehen, doch aneinander haften. Wenn Ihr Euch z.B. die Hände waschen wollt, so macht Ihr sie ganz und gar nass, und findet, dass sie auch nass bleiben. Dies wird durch die Art der Anziehung bewirkt, von welcher ich hier spreche. Ferner, wenn Eure Hände nicht schmutzig sind – was sie freilich bei den gewöhnlichen Verrichtungen meistens sein werden – und Ihr steckt also einen reinen Finger in warmes Wasser, so werdet Ihr bei ganz sorgfältigem Hinsehen bemerken, wie das Wasser höher, als es im Gefäß steht, an dem Finger emporkriecht. Hier habe ich auf dem Teller eine ganz poröse Substanz, eine Salzsäule, und auf den Boden des Tellers gieße ich nicht etwa, wie es Euch scheinen möchte, reines Wasser, sondern eine gesättigte Salzlösung, die gar nichts mehr auflösen kann, sodass die Erscheinung, die Ihr beobachten werdet, also unmöglich auf fernerem Lösen der Bestandteile der Salzsäule beruhen kann. Nehmen wir an, der Teller sei die Kerze, die Salzsäule der Docht und diese Lösung das geschmolzene Wachs. Damit Ihr den Vorgang besser beobachten könnt, habe ich die Lösung blau gefärbt. Ich gieße sie nun in den Teller und Ihr seht, wie sie in dem Salz nach und nach emporsteigt, wie sie höher und höher hinaufkriecht, und sie wird sicherlich bis zur Spitze gelangen, wenn die Säule inzwischen nicht etwa umfällt. Wäre diese blaue Lösung eine brennbare Flüssigkeit, so würde sie – wenn in die Spitze der Säule ein Docht eingesetzt wäre – beim Eintritt in diesen sich anzünden lassen. Es ist gewiss höchst interessant, einen derartigen Vorgang mit all seinen eigentümlichen Umständen zu beobachten. – Wie Ihr nach dem

Händewaschen ein Handtuch nehmt, das die Nässe von den Händen aufsaugt, so saugt der Docht infolge derselben Attraktion das Wachs, Stearin etc. in sich hinein und bis zur Flamme hinauf.

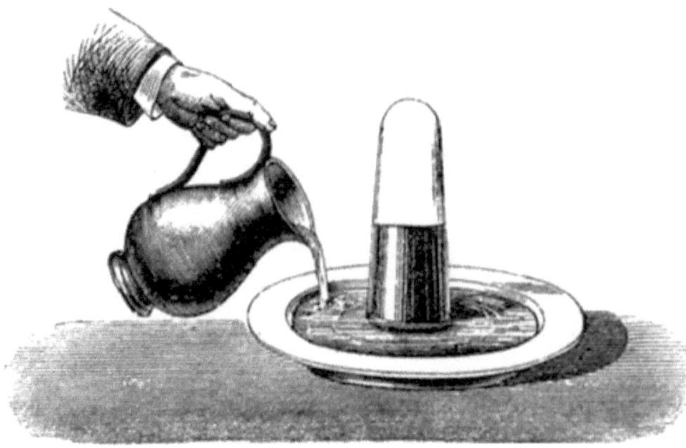

Fig. 1

Ich kannte einige unordentliche Kinder (indes passiert so etwas manchmal auch ordentlichen Leuten), die nach dem Abtrocknen der Hände das Handtuch nachlässig über den Waschbeckenrand hinwarfen; nach kurzer Zeit hatte das Tuch alles Wasser aus dem Becken auf die Dielen geleitet, weil es zufällig so auf den Rand zu liegen gekommen war, dass es als Heber wirken konnte. Damit Ihr deutlicher seht, in welcher Weise dergleichen Wirkungen der Körper aufeinander vor sich gehen, habe ich hier ein Gefäß aus engmaschigem Drahtnetz mit Wasser angefüllt, das Ihr in seinem Verhalten mit Watte oder mit einem Stück Kattun vergleichen könnt, und man hat auch wirklich Dochte, die aus einem derartigen Drahtgewebe angefertigt sind. Ihr seht, das Gefäß ist porös; denn wenn ich oben etwas Wasser hineingieße, so läuft es unten gleich wieder heraus; es ist aber auch voll Wasser, und doch sieht man das Wasser zu gleicher Zeit hinein- und herausfließen, als ob es leer wäre. Ihr würdet wohl in Verlegenheit kommen, wenn Ihr dieses auffällige Verhalten meines Gefäßes erklären solltet.

Der Grund ist folgender: Die einmal nass gewordenen Fäden des Netzes bleiben nass und da die Maschen sehr eng sind, so wird das Wasser von der einen zur anderen Seite so kräftig hingezogen und auf diese Weise festgehalten, dass es nicht entrinnen kann, wiewohl das Gefäß an sich porös ist. In gleicher Weise nun steigen beim Brennen die geschmolzenen Wachsteilchen im Docht empor und gelangen in die Spitze; andere Teilchen wandern infolge ihrer gegenseitigen Anziehung ihnen nach und die einen nach den andern werden, wie sie nach und nach in die Flamme eintreten, so von dieser verzehrt.

Noch ein anderes Beispiel. Hier seht Ihr ein Stöckchen Spanisch Rohr. Dass ein solches in seiner Längsrichtung durchgehende Kanäle hat, also Kapillarität besitzt, kann man gelegentlich auf der Straße an Jungen sehen, die gern wie Männer aussehen möchten; sie zünden ein solches Stück an einem Ende an und rauchen es, als wär's eine Zigarre. Stelle ich nun dieses Stück Rohr auf einen Teller, worauf sich etwas Benzin befindet (eine Flüssigkeit, die in ihren allgemeinen Eigenschaften dem Paraffin ähnlich ist), so wird dieses genau auf die Weise, wie soeben die blaue Lösung in der Salzsäule, in dem Rohr emporsteigen; und zwar muss alles nach oben, da sich seitlich keine Poren finden, sodass es sich in dieser Richtung nicht bewegen kann. Seht, da ist das Benzin schon in der Spitze angelangt, und da es leicht brennbar ist, kann ich es anzünden und als Kerze gebrauchen.

Der einzige Grund nun, weshalb eine Kerze nicht ohne weiteres längs des Dochtes herab brennt, liegt darin, dass geschmolzener Talg die Flamme auslöscht. Ihr wisst, dass eine Kerze sofort ausgeht, wenn man sie umdreht, sodass der geschmolzene Brennstoff im Docht zur Spitze hinfließen kann. Es kommt dies daher, dass die Flamme nicht Zeit genug hat, den jetzt in größerer Menge schmelzenden Brennstoff gehörig zu erhitzen, wie sie es von oben tut, wo nur kleinere Quantitäten nach und nach schmelzen, im Docht aufsteigen und die Hitze ihre volle Wirkung auf dieselben ausüben kann.

Brennbare Dämpfe in der Kerzenflamme

Wir gelangen jetzt zu einem sehr wichtigen Punkt in unserer Betrachtung, ohne dessen eingehende Erörterung Ihr nicht imstande wäret, den Vorgang in der Kerzenflamme vollkommen zu verstehen; ich meine den gasförmigen Zustand des Brennstoffs. Damit Ihr mich recht versteht, will ich Euch ein ebenso niedliches wie einfaches Experiment zeigen. Wenn Ihr eine Kerzenflamme vorsichtig ausblast, seht Ihr Dämpfe davon emporsteigen; Ihr habt sicherlich schon oft den Dampf einer ausgeblasenen Kerze gerochen – es ist ein sehr unangenehmer Geruch. Geschieht aber, wie ich sagte, das Ausblasen recht vorsichtig, so kann man ganz deutlich den Dampf sehen, in welchen sich die feste Masse der Kerze verwandelt hat. Ich werde jetzt eine dieser Kerzen so ausblasen, dass die Luft ringsherum dabei nicht bewegt wird, nämlich mithilfe beständig anhaltender Einwirkung meines Atems; und wenn ich nun einen brennenden Span dem Docht auf zwei bis drei Zoll nähere, so bemerkt Ihr einen Feuerschein, der durch den Dampf hindurch zuckt, bis er zur Kerze gelangt.

Mit all dem muss ich sehr rasch fertig werden, weil sich der Dampf, wenn ich ihm Zeit zum Abkühlen lasse, in flüssiger oder fester Form verdichtet, oder der Strom entzündbarer Substanz sich zerstreut.

Fig. 2

Jetzt kommen wir zu Umriss und Gestalt der Flamme. Es ist von Wichtigkeit für uns, den Zustand kennenzulernen, in welchem sich die Kerzenmasse zuletzt an der Spitze des Dochtes befindet, wo sich in der Flamme ein Glanz und eine Schönheit zeigt, wie sie bei keinem anderen Vorgang zu beobachten ist. Ihr kennt die glänzende Schönheit des Goldes und des Silbers, das noch hellere Schimmern und Glitzern der Edelsteine, wie Rubin und Diamant – aber nichts von alledem kommt dem Glanz und der Schönheit einer Flamme gleich. Welcher Diamant kann leuchten wie die Flamme? Er verdankt seinen Glanz zur Nachtzeit nur eben dieser Flamme, die ihn beleuchtet. Die Flamme erhellt die Finsternis – das Licht des Diamanten aber ist ein Nichts, es ist erst da, wenn der Strahl einer Flamme auf ihn fällt. Die Kerze allein leuchtet durch sich selbst und für sich selbst oder für die, welche ihre Bestandteile zueinander geordnet haben!

Gestalt und Schichtung der Flamme

Betrachten wir nun etwas näher die Gestalt der Flamme, wie sie sich hier unter dem Glaszylinder zeigt! Sie ist beständig und gleichmäßig, und hat im Allgemeinen die Form, welche in vorliegender Zeichnung wiedergegeben ist, die sich aber je nach den Einwirkungen der Luft und nach der Größe der Kerze mannigfach ändert. Sie bildet einen unten abgerundeten Kegel, oben Heller als unten, den Docht in der Mitte. Unten, in der Nähe des Dochtes, unterscheidet man deutlich einen dunkleren Teil, in welchem die Verbrennung noch nicht so vollständig ist, als in den höheren Partien. Ich habe hier die Zeichnung einer Flamme, die schon vor vielen Jahren Hooker angefertigt hat, als er seine Untersuchungen ausführte. Sie stellt eine Lampenflamme dar, aber sie passt auch auf die Kerzenflamme; das Ölgefäß vertritt das Schälchen der Kerze, das Öl das geschmolzene Material der Kerze und der Docht ist ja beiden gemeinsam. Auf dem letzteren hatte er das Flämmchen abgebildet und dann in der Umgebung des letzteren ganz richtig eine Schicht dargestellt, die man aber nicht sehen kann, und von der Ihr nichts wissen werdet, wenn Ihr nicht schon früher hier wäret, oder sonst mit der Sache vertraut seid. Er hat hier die umgebende Luft dargestellt, welche sehr wesentlich für die Flamme ist und sich stets in ihrer Nähe befindet. Hier hat er ferner den Luftstrom angedeutet, der die Flamme emporzieht; denn die Flamme, die Ihr hier seht, wird wirklich durch den Luftstrom hinaufgezogen, und zwar zu einer bedeutenden Höhe; gerade wie es Hooker hier durch die Verlängerung des Luftstromes in der Zeichnung dargestellt hat. Man kann sich davon am

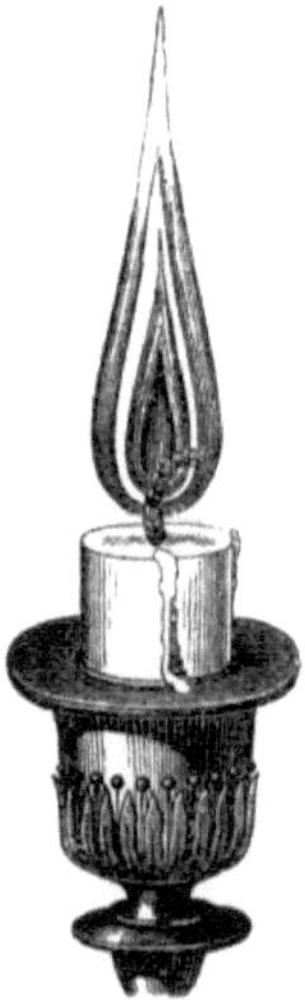

Fig. 3

besten überzeugen, wenn man eine brennende Kerze in die Sonne stellt und ihren Schatten auf weißes Papier fallen lässt. Es ist doch merkwürdig, dass eine Flamme, die selbst leuchtend genug ist, um andere Körper Schatten werfen zu lassen, auch selbst einen Schatten werfen kann. Dabei sieht man deutlich, wie etwas um die Flamme herum strömt, das kein Teil der Flamme selbst ist, sondern neben ihr aufsteigt und sie mit sich emporzieht. Ich werde jetzt das Sonnenlicht nachahmen, indem ich diese Volta'sche Säule mit einer elektrischen Lampe in Verbindung setze. Hier seht unsere selbstgeschaffene Sonne und ihre große Lichtfülle! Wenn ich nun zwischen sie und diesen Schirm eine Kerze stelle, so erhalten wir hier den Schatten der Flamme. Ihr unterscheidet deutlich den Schatten der Kerze und des Dochtes; dann hier den dunklen Teil, wie er auch in Hooker's Zeichnung dargestellt ist, dann eine hellere Partie. Es ist merkwürdig, dass wir den Teil der Flamme im Schatten als den dunkelsten sehen, der in Wirklichkeit der hellste ist. Hier endlich zeigt sich, gleichfalls mit Hookers Zeichnung übereinstimmend, der aufsteigende Luftstrom, der die Flamme nährt, sie mit sich emporzieht und den Rand des Brennschälchens abkühlt.

Der Schatten einer Flamme

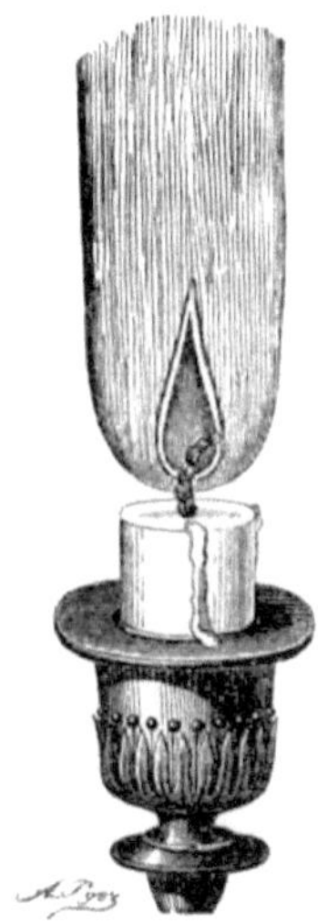

Fig. 4

Ich kann Euch hier durch einen anderen Versuch zeigen, wie die Flamme je nach der Richtung des Luftstroms steigt oder sinkt. An dieser Flamme beabsichtige ich, den aufsteigenden Luftstrom in einen absteigenden umzuwandeln, was ich mithilfe des kleinen Apparates, der hier vor mir steht, leicht ausführen kann. Die Flamme ist, wie Ihr seht, keine Kerzenflamme, sondern eine Alkoholflamme,

Niedersteigende Flamme

welche keinen Ranch erzeugt; aber Ihr werdet ohne Zweifel das Gemeinsame mit der Kerzenflamme genügend erkennen, um beide miteinander zu vergleichen. Da die Flamme an sich zu schwach leuchtet, als dass Ihr ihre Richtung genau verfolgen könntet, so werde ich sie durch einen anderen Stoff färben. Ich zünde nun den Spiritus an, und frei in der Luft gehalten, steigt die Flamme naturgemäß aufwärts, wie es jede Flamme unter gewöhnlichen Umständen zufolge des die Verbrennung unterhaltenden Luftstroms tun muss, was Ihr ja nun genau versteht. Jetzt aber seht Ihr, dass ich die Flamme durch Niederblasen in diesen kleinen Schornstein abwärts zu gehen nötigen kann, indem ich so die Richtung der Strömung umkehre. Vor Abschluss dieser Vorlesungen werde ich Euch eine Lampe vorzeigen, in welcher die Flamme nach oben und der Rauch nach unten, oder der Rauch nach oben und die Flamme nach unten geht. Ihr seht also, dass wir es auf diese Weise in der Gewalt haben, der Flamme verschiedene Richtungen anzuweisen.

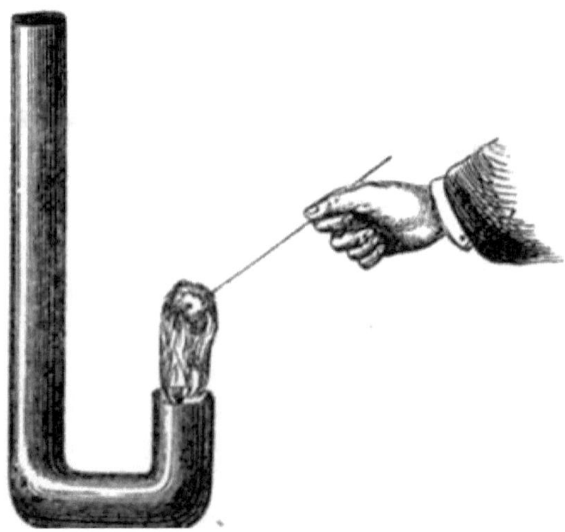

Fig. 5

Gestalt anderer Flammen

Nun muss ich Eure Aufmerksamkeit auf einige andere Punkte lenken. Viele der hier brennenden Flammen weichen in ihrer Form bedeutend voneinander ab, und zwar wiederum infolge der Luftströme, die sie in verschiedenen Richtungen umwehen. Andererseits aber können wir auch Flammen herstellen, die wie feste Körper stehen bleiben, sodass wir sie bequem fotografieren können – und letzteres müssen wir auch wirklich tun, um noch mancherlei daran zu untersuchen. Das ist aber nicht das Einzige, was ich zu erwähnen wünsche. Nehme ich eine hinlänglich große Flamme, so behält sie nicht die gleichmäßige bestimmte Gestalt, sondern sie verzweigt sich mit einer ganz wunderbaren Kraft. Um dies zu zeigen, benutze ich einen anderen Brennstoff, der mir das Wachs oder den Talg der Kerze ersetzen soll. Ich habe hier einen großen Baumwollballen, welcher als Docht dienen mag. Jetzt, nachdem ich ihn in Spiritus getaucht und entzündet habe – worin unterscheidet er sich von einer gewöhnlichen Kerze? Nun, sehr bedeutend in der Lebhaftigkeit und Gewalt des Brennens, wie wir es an einer Kerzenflamme niemals beobachten können. Seht, wie die schönen Zungen fort und fort in die Höhe schlagen? Die Richtung der Flamme ist dieselbe, von unten nach oben; was man aber in keinem Fall bei einer Kerze wahrnimmt, ist dieses merkwürdige Zerreißen in einzelne Zacken und Spitzen, diese lcbhaft hervor leckenden Zungen. Woher kommt das? Ich muss es Euch erklären; denn wenn Ihr das vollkommen versteht, werdet Ihr besser imstande sein, mir genau bei dem zu folgen, was ich später noch zu sagen habe. Ich glaube, mancher von Euch hat das Experiment selbst schon gemacht, das ich Euch zeigen will. Gewiss haben viele von Euch sich schon am Snapdragon ergötzt, welches Spiel im Wesentlichen darin besteht, im Dunkeln Branntwein über Rosinen oder Pflaumen in einer Tasse abbrennen zu lassen. Ich kenne keine schönere Erläuterung zu diesem Teil unseres Gegenstandes, als jenes Spiel. Hier habe ich zunächst eine Schale und bemerke dabei, dass man, um ein recht schönes Snapdragon zu bekommen, eine vorher gut erwärmte Schale nehmen muss; auch sollte man die Pflaumen und den Branntwein vorher erwärmen.

Wie wir bei einer Kerze oben das Schälchen und darin den geschmolzenen Brennstoff haben, so hier die Schale mit dem Spiritus darin, während der Docht hier von den Rosinen vertreten wird. Ich zünde jetzt den Spiritus an und Ihr seht nun die wundervollen Flammenzungen emporschlagen; Ihr seht, wie die Luft über den Schalenrand hineinsteigt und diese Zungen empor treibt. Wieso? Nun, bei der Heftigkeit der Luftströmung und der Unregelmäßigkeit des Vorganges kann die Flamme nicht in einem Zuge gleichmäßig emporsteigen. Die Luft fließt so unregelmäßig in die Schale hinein, dass Ihr das, was sich sonst als einheitliches Bild darstellen würde, in eine Menge verschiedener Gestaltungen zerrissen seht, von denen jede ihre eigene unabhängige Existenz besitzt. Ich möchte fast sagen, wir sähen hier eine Anzahl einzeln für sich bestehender Kerzen vor uns. Aber Ihr müsst Euch nicht vorstellen, dass, weil man alle diese Zungen auf einmal sieht, ihr Gesamtbild die eigentümliche Gestalt der Flamme darstelle. Niemals hat ein Flammenkörper der Art, wie wir ihn von dem Ball sich erheben sahen, eigentlich die Form, wie sie uns da erschien. Es ist eine Menge von Formen, die so rasch aufeinander folgen, dass das Auge sie nicht einzeln zu fassen imstande ist, sondern den Eindruck von allen gleichzeitig empfängt. Ich habe früher absichtlich eine Flamme von so allgemeinem Charakter besprochen, und in der hier vorliegenden Zeichnung seht Ihr einzelne Gruppen, aus denen sie zusammengesetzt ist; sie sind nicht alle zugleich vorhanden; bei der so raschen Aufeinanderfolge der verschiedenen Gestaltungen scheint es uns nur so.

Fig. 6

Es tut mir leid, dass wir heute nicht weiter als zu meinem Snapdragon-Spiel gekommen sind. Es soll mir aber für die Zukunft eine Mahnung sein, mich strenger an die Sache zu halten, und Eure Zeit nicht so sehr mit dergleichen Ausschmückungen in Anspruch zu nehmen.

*

Zweite Vorlesung

Nähere Untersuchung der brennbaren Dämpfe in der Flamme. Verteilung der Hitze in der Flamme. Bedeutung der Luft. Unvollständige Verbrennung; Rußen der Flamme. Verbrennung ohne Flamme (Eisen). Das Leuchten der Flamme. Kohle in der Kerzenflamme. Verbrennungsprodukte.

*

Bei unserem ersten Zusammensein haben wir uns zunächst damit beschäftigt, die Eigenschaften und das Verhalten des geschmolzenen Teils an der Kerze im Allgemeinen kennenzulernen, und uns über den Weg unterrichtet, auf dem er zum Verbrennungsherd gelangt. Wir sahen ferner, dass eine Flamme, welche in einer gleichmäßig ruhigen Atmosphäre brennt, eine bestimmte Form hat, ungefähr wie es in der Zeichnung dargestellt war, und dass sie hübsch gleichmäßig, obwohl sehr merkwürdig in ihrem Charakter erscheint.

Brennbare Dämpfe in der Flamme

Heute wollen wir unsere Aufmerksamkeit auf die Mittel richten, durch die wir erfahren können, was in jedem einzelnen Teil der Flamme vor sich geht, wie und warum es so vor sich geht, und was nach all diesem zuletzt aus der Kerze wird. Denn Ihr wisst ja: eine Kerze, die da vor uns brennt, verschwindet gänzlich, wenn sie ordentlich fort brennt, ohne im Leuchter eine Spur von einem Rückstand zu lassen – gewiss eine höchst merkwürdige Erscheinung.

Um also die Kerzenflamme sorgfältig untersuchen zu können, habe ich hier einen Apparat aufgestellt, dessen Anwendung Ihr gleich kennen lernen sollt.

Fig. 7

Hier ist die Kerze; das Ende dieses Glasröhrchens bringe ich in die Mitte der Flamme, in den Teil also, welchen der alte Hooker in seiner Zeichnung ganz dunkel dargestellt hat und den Ihr ja an jeder ruhig brennenden Flamme genau unterscheiden könnt. Diesen dunkeln Teil also wollen wir zuerst untersuchen.

Indem ich so den einen Schenkel des gebogenen Glasröhrchens hineinhalte, könnt Ihr schon jetzt bemerken, dass etwas von der Flamme herkommt und am andern Ende der Röhre austritt. – Stellt man eine Flasche dorthin und lässt sie eine kurze Zeit dort stehen, so sieht man, dass von dem mittleren Teil der Flamme nach und nach etwas ausgeschieden wird, durch die Röhre in diese Flasche gelangt und dass dort sein Zustand ganz verschieden ist von dem in der freien Luft. Es entweicht nicht nur von dem Ende der Röhre, sondern es fällt auf den Boden der Flasche nieder wie eine schwere Substanz, die es in der Tat auch ist.

Wir finden, dass dies das Wachs der Kerze ist, umgewandelt in ein dampfartiges Fluidum – nicht in ein Gas. (Ihr müsst Euch den Unterschied zwischen Gas und Dampf merken: ein Gas ist etwas Beständiges, der Dampf aber wird leicht wieder verdichtet.)[5] Wenn Ihr eine Kerze ausblast, so habt

---

5 Die Luft ist ein Gas; auch unser gewöhnliches Leuchtgas ist ein solches. Luft und Leuchtgas bewahren unter den verschiedensten Umständen ihre luftartige Beschaffenheit. Die stärkste Winterkälte vermag nicht, sie ihnen zu nehmen. – Anders ein Dampf. Das Wasser z.B. können wir leicht in Dampf verwandeln. Wir tun es, wenn wir es zum Sieden erhitzen. Wird Wasser in einer offenen Schale gekocht, so bemerkt man, dass der Inhalt des Gefäßes sich allmählich vermindert. Das Wasser ist aber nicht verschwunden, es hat sich nur als Dampf in der Luft verbreitet. Dieser Dampf ist unsichtbar wie die Luft selbst, er ist nichts anderes als luftförmiges Wasser. Aber der Wasserdampf verliert seine luftförmige Beschaffenheit ebenso leicht, wie er sie annahm. Durch bloße Abkühlung wird er wieder flüssig, wie wir im Winter in jeder Küche beobachten können. Das Wasser, welches als Dampf den Kochtöpfen entsteigt und sich unsichtbar in der Luft verteilt, schlägt sich an den kalten Wänden und Fensterscheiben nieder und rinnt daran in dicken Tropfen herab. – Leiten wir Luft durch kaltes Wasser, so sehen wir die Blasen ungehindert hindurchgehen. Tun wir dasselbe mit dem Dampfe, der aus einem Gefäße mit kochendem Wasser entweicht, so verschwindet jede eintretende Dampfblase, indem sie durch die Berührung mit dem kalten Wasser sogleich selbst in flüssiges Wasser verwandelt wird. – Auch wenn wir eine kalte Platte, einen Deckel oder dergleichen über ein Gefäß mit siedendem Wasser halten, so sehen wir, wie alsbald der aufsteigende Wasserdampf sich tropfbar flüssig an dem kalten Körper niederschlägt. Aber auch ohne besondere Erwärmung und ohne Sieden geht die Verwandlung des Wassers in Dampf vor sich. Ein Wassertropfen, der auf dem Fußboden vergossen wird, ist nach kurzer Zeit verschwunden; die nasse Wäsche trocknet in wenigen Stunden, wenn sie in der Luft frei aufgehängt wird. Auch dieses beruht auf einer Verwandlung des Wassers in Dampf, aber sie geht langsamer vonstatten als

Ihr einen hässlichen Geruch, der von der Verdichtung dieses Dampfes herrührt. – Dieser ist ganz verschieden von dem, was sich an der Außenseite der Flamme findet; um Euch das deutlicher zu machen, will ich eine größere Menge dieses Dampfes darstellen und anzünden – denn was wir bei einer gewöhnlichen Kerze nur in geringer Menge finden, müssen wir als Naturforscher in größerem Verhältnis produzieren, wenn dieses erforderlich ist, damit wir es auf seine verschiedenen Bestandteile Prüfen können, und jetzt wird Herr Anderson[6] mir eine Wärmequelle verschaffen, um Euch zu zeigen, was dieser Dampf ist. Ich habe hier Wachs in einer Glasflasche und mache es heiß, wie ja das Innere der Kerzenflamme und das Brennmaterial um den Docht auch heiß sind. [Der Vortragende bringt etwas Wachs in eine Glasflasche und erhitzt es über einer Lampe.] Jetzt glaube ich, es ist heiß genug für mich. Ihr seht, dass das hineingelegte Wachs flüssig geworden ist, und dass ein

beim Sieden und nur an der Oberfläche. Vom Spiegel des Meeres verdunsten unausgesetzt ungeheure Massen von Wasser. Der dadurch gebildete Wasserdampf erhebt sich in die Luft, in der er sich zunächst unsichtbar verteilt. Sobald er aber in der Höhe mit kälteren Luftschichten in Berührung kommt, so kann er nicht mehr als Dampf fortbestehen, er wird zu Wasser und es bilden sich Wolken, Regen oder Schnee. (Auch die Wolken bestehen aus flüssigem Wasser in Gestalt ganz feiner Bläschen, die sich in der Luft schwebend erhalten.) – Im Regen fällt der zu Wasser verdichtete Dampf auf die Erde nieder; in Quellen, Bächen, Flüssen strömt er zum Meere zurück, um dann den großen Kreislauf von Neuem zu beginnen.

6 Dieser Herr Anderson – Faraday's Gehilfe – war, wie Tyndall erzählt, ein sehr achtbarer, zugleich aber auch ein etwas wunderlicher Mensch. Er sagte wohl gelegentlich von Faraday's Vorlesungen: „Ich mache die Experimente und Faraday macht die Redensarten dazu." In seiner liebenswürdigen und heiteren Weise behandelte Faraday den alten Mann auch immer so, als sei dies wirklich ihre gegenseitige Stellung.

wenig Rauch von demselben aufsteigt. Wir werden bald den Dampf sich erheben sehen. Indessen mache ich das Wachs noch heißer, damit wir mehr Dampf bekommen, und nun kann ich ihn aus der Flasche in diese Schale gießen und ihn darin entzünden. Das ist alsdann genau derselbe Dampf wie im Innern der Kerzenflamme; und damit Ihr Euch überzeugt, dass dies wirklich der Fall ist, wollen wir untersuchen, ob wir in dieser Flasche hier nicht einen brennbaren Dampf aus der Mitte der Kerzenflamme erhalten haben. [Indem er die Flasche, in welche die Röhre von der Kerze einmündet, nimmt und einen brennenden Wachsstock hineinführt.] Seht, wie es brennt! Nun, dies ist der Dampf aus der Mitte der Kerze, erzeugt durch ihre eigne Hitze; und das ist einer der ersten Punkte, die Ihr Euch in der Reihenfolge der Verwandlungen zu merken habt, welche das Wachs bei der Verbrennung erleidet. Ich will jetzt eine andere Röhre vorsichtig in die Flamme bringen und es soll mich nicht wundern, wenn wir bei einiger Sorgfalt imstande sind, diesen Dampf durch die Röhre bis zum andern Ende fortzuleiten, wo wir ihn anzünden wollen und genau die Flamme einer Kerze an einer von derselben entfernten Stelle erhalten werden. Nun, seht hier! Ist das nicht ein recht niedliches Experiment? Sprecht von Gasleitung – wir können von Kerzenleitung sprechen! Ihr erkennt hieraus, dass der Prozess in zwei deutlich verschiedenen Teilen vor sich geht: der eine ist die Erzeugung des Dampfes, der andere die Verbrennung desselben – beide spielen sich an besonderen Stellen der Kerzenflamme ab.

Fig. 8

Von dem schon verbrannten Teile kann ich keinen Dampf erhalten. Wenn ich die Röhre in Fig. 7 zum oberen Teil der Flamme hebe, so wird, sobald der Dampf ausgeschlossen ist, das, was nun in die Röhre geht, nicht mehr brennbar sein; denn es ist ja schon verbrannt – wie verbrannt? –in der Mitte der Kerze am Docht befindet sich der brennbare Dampf; außerhalb der Flamme ist die Luft, die wir für das Brennen einer Kerze notwendig finden werden. Zwischen diesen beiden geht ein kräftiger chemischer Prozess vor sich, bei dem die Luft und der Brennstoff aufeinander wirken; und genau zu derselben Zeit, während der wir das Licht erhalten, wird der Dampf zerstört. Wenn Ihr prüft, wo die heißeste Stelle der Flamme ist, so werdet Ihr das merkwürdig eingerichtet finden. Ich nehme z.B. diese Kerze und halte ein Stück Papier dicht über die Flamme: wo ist die größte Hitze dieser Flamme? Ihr seht, dass sie nicht im Innern ist. Sie ist in einem Ringe, genau an dem Orte, von dem ich sagte, dass dort der chemische Prozess vor sich geht, und trotzdem ich dieses Experiment jetzt nicht mit der wünschenswerten Sorgfalt ausführen kann, wird es immer ein Ring sein, wenn nicht gar zu viel Unruhe herrscht. Das ist ein Experiment, das Ihr gut zu Hause machen könnt. Nehmt einen Papierstreifen, sorgt dafür, dass die Luft im Zimmer ruhig ist, und haltet das Papier gerade über die Mitte der Flamme – doch ich darf nicht sprechen, während ich das Experiment mache – Ihr werdet finden, dass es an zwei Stellen verbrannt, in der Mitte aber nur wenig oder gar nicht angebrannt ist. Habt Ihr nun dieses Experiment ein- oder zweimal gemacht, sodass es gut gelingt, so ist es sehr interessant zu sehen, wo die größte Hitze ist, und zu finden, dass sie da ist, wo Luft und Brennstoff zusammentreffen.

Das ist bei unserm ferneren Vorwärtsgehen sehr wichtig für uns. Luft ist unumgänglich notwendig zur Verbren-

Hitze der Flamme. Einfluss der Luft

nung; und was mehr ist: ich muss betonen, dass frische Luft nötig ist, denn sonst würden wir unvollkommen kombinieren und experimentieren. Ich habe hier eine Flasche voll Luft und stülpe sie über eine Kerze, die zuerst darin ganz hübsch brennt und zeigt, dass das, was ich sagte, wahr ist. Bald aber tritt eine Veränderung ein. Seht, wie sich die Flamme nach oben zieht, nun schwach und schwächer wird und zuletzt verlöscht. Und verlöscht, warum? Nicht weil sie nur nach Luft verlangt – denn die Flasche ist noch ebenso voll wie vordem – sondern weil sie reine, frische Luft haben will. Die Flasche ist voll Luft, die teils verändert, teils nicht verändert ist; aber sie enthält nicht genug reine Luft, wie es zur Verbrennung einer Kerze nötig ist. Das alles sind Punkte, die wir als junge Chemiker uns merken müssen, und wenn wir ein wenig genauer auf derartige Vorgänge achten, so werden wir verschiedene Anknüpfungspunkte zu sehr interessanten Betrachtungen finden. Zum Beispiel habe ich hier die Öllampe, die ich Euch zeigte, eine vorzügliche Lampe für unsere Experimente, es ist die bekannte Argand'sche Lampe. Ich verwandle sie jetzt in eine Kerze (indem ich den Durchgang der Luft in das Innere der Flamme verstopfe). Hier ist der Docht, hier steigt das Öl in ihm empor, und da haben wir die kegelförmige Flamme. Sie brennt spärlich, weil die Luft teilweise abgesperrt ist. Ich habe der Luft nur zu der Außenseite der Flamme den Zutritt gestattet, weshalb sie nicht gut brennt. Ich kann nicht mehr Luft von außen her zulassen, da der Docht zu groß ist; wenn ich aber, wie es Argand so sinnreich tat, einen Durchgang zur Mitte der Flamme öffne, und so die Luft hineintreten lasse, so werdet Ihr sehen, wie viel schöner sie brennt. Wenn ich die Luft abschließe, so seht nur, wie sie raucht. Aber warum? Da haben wir einige sehr interessante Punkte zu untersuchen. Wir hatten den Fall der vollkommenen Verbrennung einer Kerze; wir hatten den Fall, dass eine Kerze aus Luftmangel verlöschte und haben jetzt den Fall von unzureichender Verbrennung, was für uns so interessant ist, dass ich wünsche, Ihr möchtet es ebenso gut verstehen, wie die bestmögliche Verbrennung einer Kerze. Ich will jetzt eine große Flamme machen, weil wir Versuche in möglichst großem Maßstabe brauchen. Hier ist ein größerer Docht, ein Baumwollballen mit brennendem Terpentinöl. Alle dergleichen Dinge sind ja ganz dasselbe wie Kerzen. Wenn wir größere Dochte nehmen, müssen wir eine stärkere Luftzufuhr bewirken, oder wir werden doch eine unvollkommene Verbrennung haben. Seht Euch jetzt diese schwarze Substanz an, die in die Luft steigt, es ist ein ganz regelmäßiger Strom. Ich habe jedoch Vorkehrungen getroffen, den unvollkommen verbrannten Teil fortzuschaffen, damit er Euch nicht beschmutzt. Seht den Ruß, der von der Flamme fortfliegt; seht, wie unvollkommen die Verbrennung ist, da nicht genug Luft hinzutritt. Was geschieht also? Nun, einige zur Verbrennung nötigen Dinge sind nicht da, und infolgedessen werden schlechte Resultate erzielt. Indessen sehen wir, wie es einer Kerze geht, wenn sie in reiner, also tauglicher Luft brennt. Als ich Euch die Verkohlung durch den Ring der Flamme auf der einen Seite des Papiers zeigte, hätte ich es auch umdrehen und Euch zeigen können, dass bei der Verbrennung einer Kerze dieselbe Art von Ruß – Kohle – entsteht.

Mangelhafter Luftzug. Ruß

Aber bevor ich dieses zeige, ist es für unsern Zweck sehr notwendig, noch einen anderen Gegenstand kennenzulernen. Obgleich uns nämlich die Kerze das allgemeine Resultat ihrer Verbrennung stets in Form einer Flamme darstellt, so müssen wir doch zusehen, ob eine Verbrennung immer in dieser Weise vor sich geht, oder ob es auch noch andere Arten von Verbrennung gibt, und wir werden bald entdecken, dass letzteres der Fall und dass dieses sehr

Flammen anderer Art

wichtig für uns ist. Ich glaube, die beste Art der Veranschaulichung für uns junge Leute ist vielleicht, die Erscheinungen im stärksten Gegensatze zu zeigen. Hier habe ich ein wenig Schießpulver Ihr wisst, dass das Pulver mit einer Flamme brennt – wir dürfen es Flamme nennen; es enthält Kohle und andere Stoffe, welche verursachen, dass es mit Flamme brennt. Ferner habe ich hier pulverisiertes Eisen oder Eisenfeilspäne. Jetzt will ich diese beiden Dinge zusammen verbrennen. Ich habe hier einen kleinen Mörser, in welchem ich sie mische. (Bevor ich an diese Experimente gehe, will ich warnen, dass sie niemand von Euch aus Spielerei nachmacht und sich dabei beschädigt. Dergleichen Dinge können wohl gemacht werden, wenn man sich in Acht nimmt; sonst aber kann man damit viel Unheil anrichten.) Hier ist also ein wenig Pulver, welches ich auf den Boden dieses kleinen Holzgefäßes lege und mit Eisenfeilspänen vermische; ich beabsichtige nun, durch das Pulver die Feilspäne in Brand zu setzen und sie in der Luft zu verbrennen, um hierbei den Unterschied zwischen Substanzen, die mit, und solchen, die ohne Flamme brennen, zu zeigen. Hier ist die Mischung, und wenn ich sie entzünde, wobei Ihr genau auf die Verbrennung achten müsst, so werdet Ihr sehen, dass diese eine zweifache ist. Ihr werdet das Pulver mit Flamme brennen und Feilspäne aufgewirbelt sehen, und zwar auch sie brennend, jedoch ohne Flamme. Ein jedes brennt für sich allein. [Der Vortragende setzt nun die Mischung in Brand.] Hier das Pulver brennt mit einer Flamme; die Feilspäne dagegen zeigen eine andere Art von Verbrennung. Da seht Ihr nun die zwei verschiedenen Erscheinungen; und hiervon hängt alle Brauchbarkeit und Schönheit der Flammen ab, die wir zur Beleuchtung benutzen wollen. Wenn wir Öl, Gas oder Kerzen zur Beleuchtung gebrauchen, so beruht ihre Brauchbarkeit auf diesen verschiedenen Arten der Verbrennung.

Der Verbrennungsprozess bietet so viel Merkwürdiges dar, dass es einiger Klugheit und Unterscheidungsgabe bedarf, um die einzelnen Arten der Verbrennung eine jede in ihrer besonderen Art zu erkennen. Hier ist zum Beispiel ein Pulver, welches sehr leicht verbrennt, und das, wie Ihr seht, aus lauter einzelnen kleinen Körnchen besteht. Man nennt es Lycopodium (Bärlappsamen, Hexenmehl), und jedes dieser Körnchen kann einen Dampf entwickeln und seine eigene Flamme erzeugen; wenn man sie abbrennt, so glaubt man, es sei alles eine Flamme. Ich werde einen Teil anzünden, damit Ihr die Erscheinung beobachten könnt. Wir sehen eine Feuerwolke, augenscheinlich eine einzige Masse; aber jenes knisternde Geräusch, das sich beim Abbrennen wahrnehmen lässt, ist ein Beweis, dass die Verbrennung keine zusammenhängende und gleichmäßige ist. Auf dem Theater wird damit der Blitz sehr gut nachgeahmt. [Das Experiment wird zweimal wiederholt, indem der Vortragende das Lycopodium aus einer Glasröhre durch eine Spiritusflamme bläst.] Es ist dies kein Fall einer Verbrennung, wie die der Eisenfeilspäne, von der ich gesprochen habe und auf die wir jetzt zurückkommen müssen.

Kohle in der Kerzenflamme. Das Leuchten

Denkt Euch, ich nehme eine Kerzenflamme und prüfe den Teil derselben, der unserem Auge am hellsten erscheint. Nun, da bekomme ich diese schwarzen Teilchen, welche Ihr schon oft aus der Flamme sich ausscheiden sähet, und die ich jetzt auf eine andere Weise ausscheiden will. Ich werde dieses Licht nehmen und das Herabgeträufelte davon entfernen, welches infolge der Luftströmungen entstanden ist. Wenn ich nun eine Glasröhre gerade in diesen leuchtendsten Teil tauche, wie bei unserem ersten Experiment, nur höher, so seht Ihr, was geschieht. Statt des damals weißen werden wir jetzt einen schwarzen Dampf haben. Er steigt empor, so schwarz wie Tinte. Er ist in der Tat sehr verschieden von dem weißen Dampf, und wenn wir ihm eine Flamme nähern, so finden wir, dass er nicht brennt, sondern das Licht auslöscht. Nun, dieser schwarze Stoff ist eben, wie ich sagte, der Rauch der Kerze, und dies erinnert mich an die alte Anwendung, welche Dean Swift seinen Dienstboten zur Unterhaltung empfahl, nämlich auf der Decke des Zimmers mit einer Flamme zu schreiben. Aber was ist diese schwarze Substanz? Es ist dieselbe Kohle, welche wir schon früher aus der Kerze erhielten. Wie kann sie sich aus der Kerze bilden? Sie war offenbar in der Kerze vorhanden, sonst könnte sie nicht hier sein. Und nun folgt mir genau in meiner Auseinandersetzung. Ihr werdet wohl kaum glauben, dass alle die Substanzen, die in Gestalt von Ruß und schwarzen Flöckchen in London herumfliegen, gerade die Schönheit und das Leben der Flamme ausmachen, und dass sie in derselben so verbrannt werden, wie die Eisenfeilspäne hier. Hier ist ein Stück Drahtgeflecht, welches die Flamme nicht hindurch lässt, und wenn ich es niedrig genug halte, dass es den Teil der Flamme berührt, welcher sonst so hell ist, so werdet Ihr sehen, dass es diesen sogleich hemmt und dämpft und eine Menge Rauch aufsteigen lässt.

Ich bitte Euch nun, auf das Folgende zu achten. Wenn eine Substanz brennt, wie die Eisenfeilspäne in der Pulverflamme, ohne dabei dampfförmig zu werden (sei es, dass sie flüssig wird oder fest bleibt), so leuchtet sie sehr stark. Ich habe hier einige Beispiele gewählt, welche von der Kerze unabhängig sind, um Euch diesen Punkt zu erläutern; denn was ich sagte, gilt von allen Substanzen, ob sie brennen oder nicht brennen, – dass sie nämlich ausnehmend leuchtend sind, wenn sie ihren festen Zustand auch in der Hitze behalten. Und die Kerze verdankt der Anwesenheit fester Teilchen in der Flamme ihre Leuchtkraft.

Hier ist ein Platindraht, ein Körper, der sich durch Hitze nicht verändert. Wenn ich ihn in dieser Flamme erhitze, so seht nur, wie außerordentlich hell er leuchtet. Ich werde die Flamme klein machen, damit sie nur wenig Licht gibt, und dennoch werdet Ihr sehen, dass die Hitze, die sie diesem Platindraht mitteilen kann, obwohl viel geringer, als die eigene, doch imstande ist, dem Drahte bedeutend mehr Leuchtkraft zu geben. Diese Flamme enthält Kohle; jetzt will ich aber eine Flamme nehmen, die keine Kohle enthält. In dem Gefäß hier ist ein Material, eine Art Brennstoff – eine Luftart oder ein Gas, wie Ihr es nennen wollt –, und darin sind keine festen Teile enthalten. Ich wähle diesen Stoff, weil er uns das Beispiel einer Flamme geben wird, welche brennt, ohne dass irgendein fester Körper dabei auftritt. Wenn ich nun diesen festen Körper hineinhalte, so seht Ihr, welche intensive Hitze die Flamme hat und wie hell sie den festen Körper erglühen macht. Durch diese Röhre leiten wir dieses absonderliche Gas, welches wir Wasserstoff nennen, und welches Ihr bei unserer nächsten Zusammenkunft näher kennen lernen sollt. Und hier ist eine Substanz Namens Sauerstoff, mit deren Hilfe der Wasserstoff brennen kann; aber obwohl wir durch die Verbindung beider eine bedeutend höhere Temperatur als durch die Verbrennung einer Kerze erzeugen können, so leuchtet die Flamme doch nur wenig. Bringe ich dagegen einen festen Körper hinein, so erhalten wir ein sehr intensives Licht.

Das Kalklicht

Wenn ich ein Stück Kalk nchme, eine Substanz, die nicht brennt und durch Hitze nicht verflüchtigt wird (also fest bleibt), so werdet Ihr bald sehen, was geschieht, wenn der Kalk glüht. Bei der Verbrennung von Wasserstoff in Sauerstoff wird sehr große Hitze, aber sehr wenig Licht entwickelt, letzteres also nicht aus Mangel an Hitze, sondern an Teilchen, welche fest sind und auch in ihrem festen Zustande verharren. Halte ich aber dieses Stück Kalk in die Flamme – seht, wie es glüht! Es ist dies das berühmte Kalk-Licht, welches mit dem Volta'schen Licht wetteifert und dem Sonnenlicht beinahe gleich kommt. Hier habe ich ein Stück Holzkohle, welche brennt und uns genau in derselben Weise Licht gibt, als ob sie als Bestandteil einer Kerze verbrannt würde. Die Hitze einer Kerzenflamme zersetzt den Wachsdampf und macht die Kohlenteile frei; diese steigen erhitzt und glühend empor, wie dies hier glüht, und entweichen dann in die Luft – freilich nicht in Form von Kohle, sondern in vollkommen unsichtbarer Gestalt, worüber wir später sprechen werden.

Ist es nicht von großem Reiz, Einsicht in einen Prozess zu gewinnen, durch den ein so schmutziges Ding wie eine Kohle so hell leuchtend werden kann? Ihr seht, es kommt darauf hinaus, dass alle hellen Flammen solche festen Teile enthalten. Alle Körper, welche brennen und dabei feste Teilchen entwickeln, entweder während der Entzündung, wie die Kerze, oder unmittelbar danach, wie das Schießpulver und die Eisenfeilspäne, alle solche Körper geben uns ein helles und schönes Licht.

Phosphor, chlorsaures Kali und Schwefelantimon, Zink

Ich will Euch das durch ein paar weitere Experimente zu veranschaulichen suchen. Hier ist ein Stück Phosphor, der mit heller Flamme brennt. Wir müssen hieraus schließen, dass dieser Phosphor entweder in dem Moment der Entzündung oder später solche feste Teilchen absondert. Ich zünde nun den Phosphor an und bedecke ihn mit einer Glasglocke, um die Verbrennungsprodukte aufzufangen. Was bedeutet all der Rauch? Dieser Rauch besteht eben aus jenen Teilchen, die durch die Verbrennung des Phosphors gebildet werden. – Hier haben wir zwei andere Stoffe. Dies ist chlorsaures Kali und dies ist Schwefelantimon. Ich werde sie zusammenmischen und damit können sie auf verschiedene Art in Brand gesetzt werden. Ich will sie zunächst, um Euch ein Beispiel chemischer Reaktion zu geben, mit einem Tropfen Schwefelsäure berühren und sie werden augenblicklich brennen. [Der Vortragende entzündet die Mischung durch Schwefelsäure.] Nun könnt Ihr schon aus dem Augenschein selbst schließen, ob diese Stoffe feste Produkte liefern. Ich habe Euch ja den Weg zu dieser Schlussfolgerung gezeigt; denn wodurch ist diese Flamme sonst so hell, als durch die emporsteigenden glühenden festen Teile?

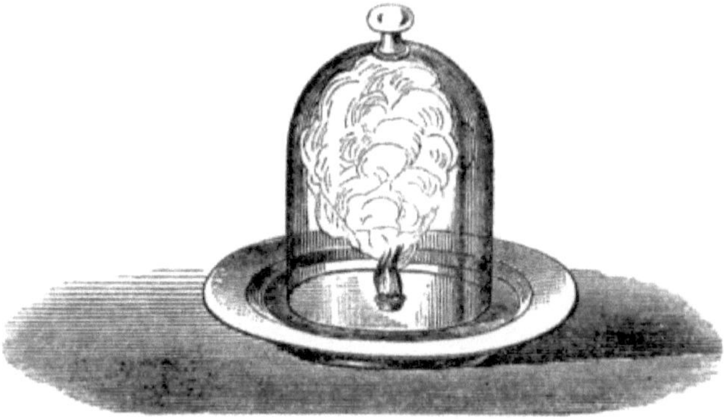

Fig. 9

Herr Anderson hat da in dem Ofen einen Tiegel stark erhitzt, in den ich einige Zinkfeilspäne werfen will, die dann mit einer Flamme wie Schießpulver brennen werden. Ich mache Euch dieses Experiment hier vor, weil Ihr es zu Hause gut nachmachen könnt. Jetzt sollt Ihr sehen, was das Verbrennungsprodukt des Zinkes ist. Hier brennt das Zink. Es brennt wundervoll wie eine Kerze. Aber was bedeutet all dieser Rauch? Was sind diese kleinen Wollflöckchen, die zu Euch hinfliegen, da Ihr nicht zu ihnen kommen könnt? Es ist dies die sogenannte Philosophenwolle der Alten. Wir werden finden, dass auch in dem Tiegel noch eine Menge dieser wolligen Substanz zurückgeblieben ist. Doch will ich das Experiment noch ein wenig anders machen und doch dasselbe Resultat erzielen. Hier habe ich ein Stückchen Zink; hier [indem er auf einen Wasserstoffbrenner zeigt] ist der Verbrennungsherd und wir wollen ans Werk gehen und das Metall zu verbrennen versuchen. Ihr seht, wie es glüht; da haben wir die Verbrennung und hier die weiße Substanz, zu der es verbrennt. Und wenn ich also diese Wasserstoffflamme als Vertreter der Kerze nehme und Euch eine Substanz wie das Zink in der Flamme brennend zeige, so werdet Ihr sehen, dass diese Substanz allein während der Verbrennung glühte, so lange sie heiß erhalten wurde; und wenn ich nun diese weiße Substanz wieder in die Wasserstoffflamme bringe, so seht nur, wie schön sie glüht, und zwar gerade darum, weil es eine feste Substanz ist.

Die Leuchtgasflamme

Ich will nun eine Flamme nehmen, wie ich sie schon einmal benutzt habe, und will aus ihr die Kohlenteilchen in Freiheit setzen. Ich nehme etwas Benzin, das mit viel Rauch brennt; aber ich lasse die Rauchteilchen durch diese Rohre in die Wasserstoffflamme gehen, wo Ihr sie brennen und leuchten sehen werdet, weil ich sie zum zweiten Male erhitze. Seht jetzt! Da sind die Kohlenteilchen zum zweiten Male entzündet. Ihr werdet diese Teilchen besser sehen, wenn ich ein Stück Papier hinter sie halte; so lange sie sich innerhalb der Flamme befinden, glühen sie durch die Hitze derselben und erzeugen ebenso lange diese Helligkeit. Werden solche Teilchen nicht abgeschieden, so erhält die Flamme keine Leuchtkraft. Auch die Leuchtgasflamme verdankt ihre Helligkeit der Ausscheidung solcher Kohlenteilchen während des Brennens; denn sie sind im Leuchtgas ebenso vorhanden, wie in einer Kerze. Ich kann diese Anordnung schnell umändern. Hier ist z.B. eine Gasflamme. Wenn ich dieser Flamme so viel Luft zuführe, dass alles verbrannt ist, bevor jene Teilchen frei geworden sind, so erhalte ich keine Helligkeit. Das kann ich folgendermaßen bewerkstelligen: Wenn ich diese Kappe aus

Drahtgeflecht auf den Brenner setze und dann darüber das Gas anzünde, so brennt es mit einer nicht-leuchtenden Flamme, und das kommt daher, dass sich das Gas mit viel Luft mischt, ehe es zum Brennen gelangt. Und wenn ich das Drahtgeflecht emporhebe, so seht Ihr, dass es darunter nicht brennt. Im Gas ist viel Kohle; aber weil die atmosphärische Luft hinzutreten und sich vor dem Brennen damit mischen kann, so brennt es mit der blassen blauen Flamme, die Ihr hier sehet. Und wenn ich auf eine helle Gasflamme blase, sodass alle Kohle verbrannt wird, bevor sie zum Glühen kommt, so wird sie gleichfalls blau brennen. [Der Vortragende veranschaulicht diese Bemerkung, indem er auf ein Gaslicht bläst.] Der einzige Grund, weshalb ich nicht dasselbe helle Licht erhalte, wenn ich so auf die Flamme blase, ist, dass die Kohle mit einer hinreichenden Luftmenge zusammenkommt, um zu verbrennen, ehe sie in der Flamme in freiem Zustande ausgeschieden wird. Der Unterschied wird nur dadurch hervorgerufen, dass keine festen Teilchen ausgeschieden werden, ehe das Gas verbrannt ist.

Verbrennungsprodukt

Ihr seht, dass sich bei der Verbrennung einer Kerze bestimmte Produkte bilden, und dass ein Teil derselben in Kohle oder Ruß besteht. Die Kohle liefert, wenn sie nachher selbst verbrannt wird, ein anderes Verbrennungsprodukt, und es ist für uns sehr wichtig, die Natur dieses letzteren Produktes zu bestimmen. Wir haben gesehen, dass bei der Verbrennung etwas entweicht, und ich muss Euch nunmehr auch dartun, wie viel in die Luft geht. Zu diesem Zweck wollen wir eine Verbrennung in etwas größerem Maßstabe vornehmen. Von dieser Kerze steigt erhitzte Luft auf und zwei oder drei Experimente werden Euch den aufsteigenden Strom zeigen. Um Euch aber die Menge der auf diese Art aufsteigenden Stoffe bemerkbar zu machen, will ich ein Experiment ausführen, bei dem ich eine gewisse Menge dieser Verbrennungsprodukte aufzufangen gedenke. Zu diesem Zwecke habe ich hier einen Feuer-Ballon, wie ihn die Knaben nennen, den ich gleichsam als Messgefäß für die gebildeten Verbrennungsprodukte benutze. Ich will mir auf die leichteste und einfachste Art eine Flamme herstellen, wie sie meinem augenblicklichen Bedarf am dienlichsten ist. Diesen Teller wollen wir als das „Schälchen" der Kerze ansehen, dieser Spiritus ist unser Brennstoff, und darüber setze ich nun einen Schornstein; es ist besser für mich, es so zu machen, als aufs Geratewohl ans Werk zu gehen. Herr Anderson wird jetzt den Spiritus anzünden und hier oben werden wir die Verbrennungsprodukte auffangen. Was wir am Ende dieser Röhre erhalten, das ist, allgemein gesprochen, ganz dasselbe, was man beim Verbrennen einer Kerze erhält; hier aber bekommen wir keine leuchtende Flamme, weil wir ein Brennmaterial anwenden, das arm an Kohlenstoff ist. Ich werde nun den Ballon aufsetzen, nicht um ihn steigen zu lassen – denn das ist nicht meine Aufgabe – sondern um Euch die Verbrennungsprodukte zu zeigen, die von der Kerze ebenso aufsteigen, wie hier aus dem Schornstein. [Der Ballon wird über den Schornstein gehalten und beginnt sich sogleich zu füllen.] Ihr seht, wie gern er aufsteigen möchte; aber wir dürfen das nicht zulassen, weil er sonst mit den Gasflammen dort oben in Berührung kommen könnte, was recht unangenehm wäre. [Die oberen Flammen werden auf Wunsch des Vortragenden ausgedreht und nun darf der Ballon aufsteigen] Zeigt Euch das nicht, was für eine große Menge Stoff sich hierbei entwickelt?

Fig. 10

Durch diese Röhre [der Vortragende hält eine weite Glasröhre über eine Kerze] nehmen alle Verbrennungsprodukte der Kerze ihren Weg, und Ihr werdet gleich bemerken, wie die Röhre ganz undurchsichtig wird. Ich nehme nun eine andere Kerze, setze sie unter eine Glasglocke und stelle dahinter ein Licht, damit Ihr deutlich beobachten könnt, was darin vor sich geht. Ihr seht, die Wände der Glocke werden trübe, und die Kerze beginnt schwach zu brennen. Es sind die Verbrennungsprodukte, welche das Licht so verdunkeln und welche zugleich die Glocke so undurchsichtig machen. Wenn Ihr nach Hause kommt und einen Löffel nehmt, der in der kalten Luft gelegen hat, und haltet ihn über eine Kerze – aber nicht so, dass er berußt wird – so werdet Ihr finden, dass er ein ebenso mattes Ansehen bekommt, wie die Glocke hier. Wenn Ihr eine silberne Schale bekommen könnt oder etwas der Art, so wird Euch das Experiment noch besser gelingen. Und nun, um Eure Gedanken schon im Voraus auf unsere nächste Zusammenkunft zu lenken, will ich Euch noch sagen, dass es W a s s e r ist, was das Mattwerden bewirkt, und das nächste Mal werde ich Euch zeigen, wie wir dasselbe ohne Schwierigkeit nötigen können, die Form einer Flüssigkeit anzunehmen.

*

Dritte Vorlesung

Wasser als Verbrennungsprodukt der Kerze. Eigenschaften des Wassers; seine Aggregatzustände. Wasserstoff als Bestandteil des Wassers. Darstellung und Eigenschaften des Wasserstoffs. Wasser als Verbrennungsprodukt des Wasserstoffs. Die Volta'sche Säule.

*

Ihr werdet Euch erinnern, dass ich vor unserem Auseinandergehen das Wort „Verbrennungsprodukte" gebrauchte, und dass wir imstande sind, mit entsprechenden Vorrichtungen verschiedene derartige Produkte von einer brennenden Kerze aufzufangen. Den einen Stoff konnten wir nicht erhalten, wenn die Kerze ordentlich brannte: die Kohle oder den Rauch; ferner lernten wir auch einen Stoff kennen, der von der Flamme aufstieg und nicht als Rauch erschien, sondern eine andere Form annahm und einen Teil des unsichtbaren Stromes ausmachte, der von der Kerze aufsteigt und entweicht. Es waren aber noch andere Produkte zu erwähnen. Ihr erinnert Euch, dass wir in dem von der Kerzenflamme aufsteigenden Strome einen Bestandteil fanden, der sich an einem kalten Löffel oder an einem reinen Teller oder an irgendeinem kalten Gegenstände verdichten ließ, und dass wiederum ein anderer Teil nicht verdichtbar war.

Wir wollen den verdichtbaren Teil zuerst genauer untersuchen; seltsam genug finden wir, dass er nichts als Wasser ist. Das vorige Mal sprach ich beiläufig davon, indem ich

Wasser als Verbrennungsprodukt

nur sagte, dass Wasser unter den kondensierbaren[7] Produkten einer Kerze sei; heute aber möchte ich Eure Aufmerksamkeit eingehender auf das Wasser lenken, das wir sorgsam untersuchen wollen, namentlich in seiner Beziehung auf unsern Gegenstand, wie auch in Rücksicht auf sein Vorkommen auf der Erdoberfläche.

Nun, nachdem ich sorgfältig ein Experiment zur Verdichtung des Wassers aus den Verbrennungsprodukten einer Kerze vorbereitet habe, will ich Euch zunächst dieses Wasser zeigen; das beste Mittel, die Gegenwart des Wassers so vielen zugleich zu beweisen, ist vielleicht, eine recht sichtbare Wirkung des Wassers zu zeigen, und diese dann als Prüfstein für das, was sich als Tropfen an dem Boden des Gefäßes gesammelt hat, anzuwenden. Ich habe hier eine eigentümliche Substanz, das von Humphry Davy entdeckte Kalium, welches eine sehr energische Wirkung auf Wasser übt, und dieses werde ich benutzen, um die Gegenwart des Wassers nachzuweisen. Ich nehme ein Stückchen davon und werfe es in diese Schüssel und Ihr seht, wie es die Gegenwart von Wasser anzeigt, indem es sich entzündet und emporschnellt, mit violetter Flamme brennend. Ich nehme jetzt die Kerze fort, die unter dieser Schale mit Eis und Salz gebrannt hat, und Ihr seht einen Wassertropfen, als kondensiertes Produkt der Kerze, an

Fig. 11

7 Kondensieren gleich verdichten.

der untersten Stelle des Gefäßes hängen. Ich will Euch zeigen, dass das Kalium dieselbe Wirkung darauf ausübt, wie auf das Wasser in dem Gefäße, mit dem wir es soeben versucht haben. Seht, es fängt Feuer und brennt in derselben Weise. Ich werde einen andern Tropfen auf diese Glasplatte bringen, und wenn ich Kalium hinzufüge, so werdet Ihr aus dem Umstand, dass es Feuer fängt, sogleich schließen, dass Wasser vorhanden ist. Nun, dieses Wasser ist aus der Kerze entwickelt worden. Ebenso werdet Ihr sehen, wenn ich die Spirituslampe unter das Gefäß stelle, dass dieses von dem Tau, der sich an demselben niederschlägt, feucht wird – in dem Tau haben wir wieder dasselbe Verbrennungsprodukt – und an den Tropfen, die auf ein unter gehaltenes Stück Papier herabfallen, könnt Ihr sehen, dass sich eine ziemliche Menge Wasser bei der Verbrennung bildete. Ich will es jetzt beiseite stellen, und Ihr mögt nachher sehen, wie viel Wasser sich angesammelt hat. Nehme ich eine Gaslampe und bringe ich irgendeine abkühlende Vorrichtung darüber, so erhalte ich gleichfalls Wasser, welches ebenso durch die Verbrennung des Gases gebildet wird. In dieser Flasche hier ist eine Quantität Wasser, ganz reines destilliertes Wasser[8], welches aus einer Gasflamme aufgefangen wurde; es ist in keiner Weise verschieden von anderem destillierten Wasser, mag man es aus Quell-, Fluss- oder Seewasser destillieren; immer ist destilliertes Wasser ein und dasselbe, es ist ein Körper von stets gleicher Beschaffenheit. Wir können es absichtlich mit anderen Dingen vermischen oder wir können es zersetzen und andere Dinge daraus dar-

8 Brunnen-, Fluss- oder Meerwasser enthält stets mehr oder weniger feste Stoffe aufgelöst, das Meerwasser Salz, sogenanntes hartes Wasser Kalk. Um es davon zu befreien und „reines Wasser“ im Sinne des Chemikers zu erhalten, wird es destilliert, d.h. in Dampf verwandelt und wieder zu flüssigem Wasser verdichtet (siehe weiter unten).

stellen: aber Wasser als solches bleibt immer dasselbe, ob in festem, flüssigem oder luftförmigem Zustand. Hier ferner [seine andere Flasche emporhaltend] habe ich Wasser, das aus einer Öl-Flamme gewonnen wurde. Ein Maß Öl liefert bei der Verbrennung über ein Maß Wasser. Hier ist Wasser, das durch ein längeres Experiment aus einer Wachskerze entwickelt wurde. Und so können wir mit fast allen brennbaren Substanzen verfahren, die mit einer Flamme ähnlich der Kerze brennen, und wir werden finden, dass sie Wasser erzeugen. Ihr könnt diese Experimente selbst machen; der Kopf eines Schüreisens z.B. eignet sich ganz gut zu solchen Versuchen, er bleibt über der Flamme lange genug kalt, sodass man an demselben Wasser in Tropfen kondensiert erhalten kann; auch jedweden Löffel oder irgend ein ähnliches Instrument könnt Ihr dazu brauchen, vorausgesetzt, dass es rein ist und die Wärme gut ableitet, sodass dadurch das Wasser verdichtet wird.

Aggregatzustände des Wassers

Um nun dem Wesen dieser wunderbaren Bildung des Wassers aus Brennstoffen und durch Verbrennung näher zu treten, muss ich zunächst von den verschiedenen Formen sprechen, in denen das Wasser auftritt; und obgleich Euch dieselben wohl alle bekannt sein mögen, so ist es doch für unsern augenblicklichen Zweck nötig, sie etwas näher zu betrachten, damit Ihr seht, wie das Wasser, während es seine Proteus-Verwandlungen durchmacht, doch immer ganz und gar dasselbe Ding ist, ob es nun durch Verbrennung aus einer Kerze oder durch Destillation aus Fluss- oder Meerwasser gewonnen wurde.

Zunächst: wenn das Wasser stark abgekühlt ist, so bildet es das Eis. Wir als Naturforscher – ich darf Euch und mich in diesem Falle wohl so nennen – wir sprechen vom Wasser als Wasser, es sei im festen oder flüssigen oder gasförmigen Zustand; wir haben es hier stets nur mit Wasser im chemischen Sinne zu tun. Das Wasser ist aus zwei

Stoffen zusammengesetzt, von denen wir den einen aus der Kerze genommen haben, während wir den andern an einem andern Orte finden werden. Wasser kann uns als Eis begegnen, und Ihr habt im Winter die beste Gelegenheit, es als solches zu sehen. Das Eis wird wieder zu Wasser, wenn die Temperatur steigt, und das Wasser geht in Dampf über, wenn es hinlänglich erhitzt wird. Das flüssige Wasser, welches wir hier vor uns haben, befindet sich in seinem dichtesten Zustande. Ob wir es nämlich durch Abkühlung in Eis oder durch Erhitzen in Dampf verwandeln, es nimmt stets an Volumen zu – in dem einen Falle auf sehr merkwürdige Art und mit großer Gewalt, im anderen in sehr bedeutendem Grade. Ich werde z.B. jetzt diesen Blechzylinder nehmen und ein wenig Wasser hineingießen. Ihr seht, wie viel ich Wasser hineingieße, und daraus könnt Ihr leicht abschätzen, dass es in dem Zylinder ungefähr zwei Zoll hoch stehen wird. Nun werde ich das Wasser in Dampf verwandeln, um Euch zu zeigen, wie verschieden der Raum ist, den das Wasser einnimmt, je nachdem es sich in flüssigem oder dampfförmigem Zustand befindet.

Nehmen wir inzwischen die Verwandlung des Wassers in Eis vor, die wir durch Kühlung mit einer Mischung aus Salz und gestoßenem Eis bewerkstelligen können. Ich will das tun, um Euch die Ausdehnung des Wassers bei dieser Verwandlung zu zeigen. Diese Flaschen [indem er eine emporhält] sind von Gusseisen gemacht, sie sind sehr stark und dick, ich glaube ⅓ Zoll dick; sie wurden sorgfältig mit Wasser gefüllt, sodass alle Luft ausgeschlossen ist, und dann fest zugeschraubt. Wir werden sehen, wenn wir das Wasser in diesen eisernen Gefäßen gefrieren lassen, dass sie nicht mehr imstande sind, das Eis eingeschlossen zu halten; die Ausdehnung wird sie in Stücke wie diese [indem er einige Bruchstücke vorzeigt] zersprengen, die von Flaschen ganz derselben Art herrühren. Ich werde diese beiden Flaschen in die Mischung mit Salz und Eis setzen, um Euch zu zeigen, wie das Wasser, indem es zu Eis wird, sein Volumen in so auffälliger Weise vergrößert.

In der Zwischenzeit beobachtet hier die Veränderung, welche mit dem Wasser eingetreten ist, das wir heiß gemacht haben; es verlor seine flüssige Form. Dies bringt verschiedene weitere Veränderungen mit sich. Ich habe den Hals dieser Glasflasche, in der Wasser kocht, mit einem Uhrglas bedeckt. Seht Ihr, was geschieht? Es rasselt wie ein klapperndes Ventil, weil der von dem kochenden Wasser aufsteigende Dampf das Glas auf- und niederstößt und sich selbst hinauszwängt. Ihr könnt leicht einsehen, dass die Flasche ganz voll Dampf ist, der sich sonst einen Ausgang nicht zu erzwingen brauchte. Ihr seht auch, dass die Flasche eine Substanz enthält, die einen viel größeren Raum erfüllt als vorher das Wasser; denn sie füllt die ganze Flasche immer und immer wieder, hebt den Deckel und entweicht in die Luft; und bei alledem ist gar keine große Verminderung der Wassermasse zu bemerken, woraus Ihr seht, dass die Raumvergrößerung bei der Verwandlung des Wassers in Dampf eine sehr bedeutende ist.

Nun wieder zurück zu unsern eisernen Flaschen in der Kältemischung, um zu sehen, was da geschieht. Ihr bemerkt, dass zwischen dem Wasser in den Flaschen und dem Eis in dem äußeren Gefäß keine Verbindung stattfindet. Aber dennoch wird von dem einen zum andern Wärme übergehen, und wenn wir Glück haben – wir machen unser Experiment freilich in zu großer Hast – so erwarte ich, dass wir mit der Zeit, sobald die Flaschen und ihr Inhalt kalt geworden sind, einen Knall hören werden, der vom Zerbersten der einen oder der anderen herrührt. Wenn wir dann die Flaschen untersuchen, werden wir als ihren Inhalt Eismassen finden, die teilweise von der Eisenumkleidung bedeckt sind, welche zu eng für sie geworden war, weil die Eismasse größer wurde als die Wassermasse vorher. Ihr wisst, dass eine Eisscholle auf dem Wasser schwimmt. Wenn jemand durch ein Loch ins Wasser fällt, so sucht er wieder aufs Eis zu kommen, welches ihn oben halten soll. Warum schwimmt das Eis? – Denkt darüber nach und erklärt es mir! Nun, weil die Eisscholle größer ist als die Masse Wasser, aus der sie entstand; und deshalb muss das Eis weniger wiegen, als eine gleichgroße Wassermenge.

Kehren wir zur Wirkung der Hitze auf das Wasser zurück. Seht, was für ein Dampfstrom aus dem Blechgefäß entweicht. Ihr bemerkt, dass es völlig mit Dampf angefüllt sein muss, der ja sonst nicht in dieser großen Menge herausströmen würde. Und nun, wie wir das Wasser durch Hitze in Dampf verwandeln können, so verwandeln wir es zurück in flüssiges Wasser durch Anwendung von Kälte. Wenn wir ein Glas oder irgendeinen kalten Gegenstand über den Dampf halten – seht nur, wie bald es durch den Wasserdampf undurchsichtig wird; es verdichtet sich das Wasser, das nun an den Seiten herabläuft, und diese Verdichtung wird fortdauern, bis das Glas erwärmt ist; gerade so wie der Dampf, den wir früher als Verbrennungsprodukt einer Kerze erhielten, am Boden einer Schale als flüssiges Wasser verdichtet wurde. – Ich werde nun noch einen anderen Versuch anstellen, um die Zurückführung des Wassers aus dem dampfförmigen Zustand in den flüssigen und zugleich die große Raumveränderung, welche damit verbunden ist, zu zeigen. An dem Blechzylinder, in welchem wir Wasser zum Kochen erhitzen, und welcher jetzt ganz mit Dampf gefüllt ist, befindet sich ein Hahn. Ich schließe diesen und wir werden sehen, was geschieht, wenn wir diesen Wasserdampf in die flüssige Form zurückzukehren zwingen, indem wir die Außenseite des Zylinders mit kaltem Wasser begießen. [Der Vortragende gießt kaltes Wasser über das Gefäß, welches augenblicklich nach innen zusammenknickt.] Ihr seht, was sich ereignet hat. Wenn ich den Hahn geschlossen und das Gefäß erhitzt hätte, so würde es zersprungen sein. Wenn aber der Dampf wieder zu Wasser wird, so fällt das Gefäß zusammen, da durch die Verdichtung des Dampfes inwendig ein leerer Raum entsteht[9]. Ich zeige Euch diese Versuche, um den Satz zu bekräftigen, dass bei all diesen Vorgängen nichts geschieht, wodurch das Wasser in irgendetwas anderes verwandelt würde – es ist und bleibt Wasser; und so muss das Gefäß nachgeben und knickt zusammen, wie es im entgegengesetzten Fall, infolge weiterer Erhitzung, nach außen zersprengt worden wäre.

Fig. 12

9 Dies bewirkt der Druck der Luft, welcher von außen auf das Gefäß wirkt. So lange dasselbe mit Wasserdampf gefüllt war, drückte dieser von innen dagegen und hob die Wirkung des äußeren Luftdruckes auf; nach der Verdichtung zu flüssigem Wasser hört aber dieser innere Gegendruck auf, und die Folge ist das Zerknicken des Zylinders.

Und wie groß stellt Ihr Euch den Umfang vor, den das Wasser in dampfförmiger Gestalt annimmt? Ihr seht diesen Würfel [indem er auf einen Kubikfuß deutet], daneben steht ein Kubikzoll, genau von derselben Form wie der Kubikfuß. Nun, diese Wassermenge (der Kubikzoll) ist imstande, sich zu dieser Dampfmenge, (dem Kubikfuß) auszudehnen, oder umgekehrt, diese große Quantität Dampf zieht sich durch Erkaltung zu dieser kleinen Menge Wasser zusammen.

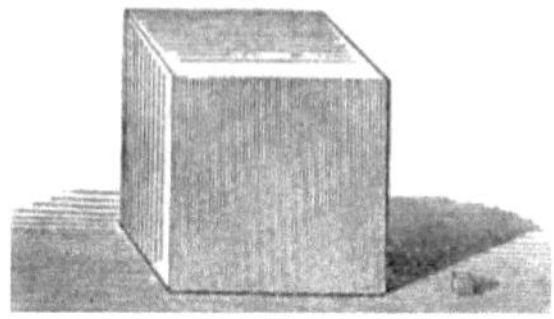

Fig. 13

[In diesem Augenblick zerplatzt eine der eisernen Flaschen.] Ah! Eine unserer Flaschen ist geborsten und hier seht Ihr einen Sprung längs der einen Seite von ⅛ Zoll Breite. [Jetzt explodiert auch die andere und schleudert die Kältemischung nach allen Richtungen umher.] Auch die andere Flasche ist zersprengt, obgleich sie beinah ½ Zoll stark war. Derartige Veränderungen gehen stets im Wasser vor sich und sie brauchen nicht etwa immer durch künstliche Mittel hervorgerufen zu werden – wir gebrauchten sie hier nur, um einen kleinen Winter um diese Flaschen herum herzustellen, statt eines langen und strengen. Wenn Ihr nach Kanada oder auch nach dem Norden von Europa geht, so werdet Ihr finden, dass dort dic Temperatur vor der Haustür ganz dasselbe tut, was hier die Kältemischung bewirkte.

Doch zurück nun zu unserem Gegenstand! Wir wollen uns also in der Folge durch irgendwelche Veränderung im Wasser nicht täuschen lassen. Ich wiederhole: Wasser ist überall dasselbe, ob es nun aus dem Ozean oder aus der Kerzenflamme herstammt. Wo ist denn das Wasser, welches wir von unserer Kerze erhielten? Indes – ich muss hier ein wenig vorweggreifen. Es ist ganz augenscheinlich, dass das Wasser von der Kerze kommt. Aber war es denn in der Kerze schon vorhanden? Nein. Es ist nicht in der Kerze und nicht in der umgebenden Luft, welche die Kerze zur Verbrennung gebraucht; es ist weder in der einen, noch in der andern, sondern es entsteht aus ihrer wechselseitigen Einwirkung; der eine Teil stammt aus der Kerze, der andere aus der Luft. Dies nun ist die Spur, die wir genau zu verfolgen haben, um zum vollen Verständnis des chemischen Vorganges zu gelangen, welcher stattfindet, wenn die Kerze vor uns auf dem Tische brennt. Wie sollen wir dazu gelangen? Ich weiß Wege genug, aber ich möchte, dass Ihr es durch eigene Überlegung, durch Nachdenken über das bereits Gesagte auffändet. Ich traue Euch in dieser Beziehung schon einen ziemlich hellen Blick zu.

Reaktion von Kalium, Eisen und Zink auf Wasser

Bei einem früheren Versuche, den uns Humphry Davy gelehrt, sahen wir, wie ein Körper, nämlich das Kalium, auf Wasser einwirkte. Um es Euch ins Gedächtnis zurückzurufen, will ich jetzt das Experiment auf diesem Teller wiederholen. Wir haben es mit einem Ding zu tun, das sehr vorsichtig behandelt sein will; denn Ihr seht, wenn ich die Masse nur mit einem kleinen Tröpfchen Wasser bespritze, so gerät sie sofort teilweise in Brand; und wenn die Luft frei hinzutreten könnte, so würde das Ganze schnell in Feuer aufgehen. Es ist dies ein schönes und glänzendes Metall, welches in der Luft und, wie Ihr wisst, im Wasser sich äußerst rasch verändert. Ich werde nun ein Stückchen auf Wasser legen und Ihr seht es wundervoll brennen, indem es eine schwimmende Lampe bildet, wobei es Wasser anstatt Luft verbraucht. Nehmen wir ferner ein wenig Eisenfeil- oder Drehspäne und legen sie in Wasser, so finden wir, dass sie ebenfalls eine Veränderung erleiden. Sie verändern sich zwar nicht so rasch wie das Kalium, aber im Ganzen in derselben Weise. Sie werden rostig und zeigen eine Einwirkung auf das Wasser, und wenn auch der Grad derselben ein geringerer ist, als beim

Kalium, so ist doch die Art ihrer Einwirkung auf das Wasser im Großen und Ganzen dieselbe. Ich muss Euch bitten, diese verschiedenen Punkte genau zu merken. Hier habe ich ein anderes Metall, Zink, und als wir uns mit der festen Masse beschäftigten, die bei seiner Verbrennung entsteht, hatten wir Gelegenheit, zu sehen, dass es brennbar ist; ich glaube nun, wenn ich einen kleinen Streifen von diesem Zink nehme und über die Kerzenflamme halte, so werdet Ihr ein Mittelding vom Verbrennen des Kalium und von der Einwirkung des Eisens auf Wasser beobachten – seht, es findet eine Art von Verbrennung statt. Es ist verbrannt, und das Produkt ist eine weiße Asche. Auch dieses Metall übt eine gewisse Wirkung auf das Wasser aus.

Nach und nach haben wir gelernt, die Wirkungen dieser verschiedenen Körper zu beherrschen und sie zu zwingen, uns zu sagen, was wir wissen wollen. Zunächst noch etwas vom Eisen. Es ist eine gewöhnliche Erfahrung bei allen chemischen Prozessen, dass sie durch Anwendung der Wärme gefördert werden, und wenn wir die Wirkung der Körper aufeinander genau und sorgsam studieren wollen, so müssen wir stets den Einfluss der Wärme mit berücksichtigen. Ihr werdet wohl noch wissen, dass Eisenfeilspäne sehr schön in der Luft brennen; aber ich will Euch noch ein anderes Experiment zeigen, welches Euch das Verständnis dessen erleichtern wird, was ich von der Einwirkung des Eisens auf Wasser sagen will. Wenn ich eine Flamme nehme und sie hohl mache – Ihr wisst, warum: ich will ihr Luft sowohl von innen als von außen zuführen – und streue dann Eisenfeilspäne in die Flamme, so seht Ihr sie recht hübsch brennen. Diese Verbrennung wird natürlich durch den chemischen Prozess bewirkt, der bei der Entzündung dieser Teilchen vor sich geht. Und so wollen wir nun weiter fortschreiten und untersuchen, was das Eisen tut, wenn es mit Wasser in Berührung kommt. Es wird uns seine Geschichte so schön, so stufenweise und regelmäßig erzählen, dass ich glaube, es wird Euch sehr gefallen.

Zerlegung des Wasserdampfs

Ich habe hier einen Schmelzofen, durch den eine eiserne Röhre, ein Flintenlauf, geht; diesen Lauf habe ich mit blanken Eisendrehspänen vollgestopft und ins Feuer gelegt, um ihn rot glühend zu machen. Wir können entweder Luft durch den Lauf streichen lassen, um sie mit den Drehspänen in Berührung zu bringen, oder wir können aus diesem kleinen Kochgefäß am Ende des Laufs Wasserdampf hindurchschicken. Hier ist ein Hahn, der den Dampf so lange vom Laufe abschließt, bis wir ihn hindurchlassen wollen. In diesen Glasgefäßen links ist etwas Wasser, welches ich blau gefärbt habe, damit Ihr besser seht, was darin vor sich geht. Nun wisst Ihr doch recht gut, dass der Dampf, wenn ich ihn durch diesen Lauf und alsdann durch das kalte Wasser leite, sich eigentlich wieder verdichten müsste; denn Ihr habt gesehen, dass der Wasserdampf seine Gasform nicht behalten kann, sobald er abgekühlt wird. Ihr saht, wie er hier [auf den eingedrückten Blechzylinder[10] zeigend] sich auf einen so kleinen Raum zusammenzog, dass das Gefäß von der äußeren Luft eingedrückt wurde. Also – lasse ich Dampf durch den Lauf hindurchgehen, so wird er kondensiert werden – vorausgesetzt, dass der Lauf kalt geblieben wäre.

10 Siehe Fig. 12, Seite 78

Fig. 14

Aber um das Experiment machen zu können, das ich Euch jetzt zeigen will, ist er eben erhitzt worden. Ich lasse nun den Dampf in kleinen Mengen durch den Lauf hindurch, und Ihr sollt selbst sagen, ob es noch Dampf ist. Der Dampf lässt sich zu Wasser verdichten; setzt man seine Temperatur herab, so verwandelt er sich zurück in flüssiges Wasser; nun habe ich doch die Temperatur des Gases, welches ich in diesem Gefäß aufgefangen, dadurch verringert, dass ich es nach seinem Austritt aus dem Flintenlauf durch Wasser gehen ließ, und trotzdem will es nicht wieder zu Wasser werden. Ich will noch einen andern Versuch damit anstellen. [Ich halte das Gefäß umgekehrt, damit mir das Gas nicht entwischt.] Wenn ich ein Licht an die Öffnung des Gefäßes bringe, so fängt dessen Inhalt mit gelindem Geräusch Feuer. Dies sagt Euch, dass es kein Wasserdampf ist; Dampf löscht ein Licht aus, brennt aber nicht, während Ihr doch das, was ich in dem Gefäße habe, brennen seht. Wir können dieses Gas ebenso aus dem Wasser erhalten, welches aus der Kerze oder auf andere Art gewonnen wurde. Wenn es durch Einwirkung der Eisenspäne auf den Wasserdampf entsteht, so bleibt das Eisen in einem ähnlichen Zustande zurück, wie die Feilspäne, wenn sie verbrannt werden. Das Eisen hat dabei an Gewicht zugenommen. So lange das Eisen in der Röhre allein bleibt, und ohne Zutritt von Luft oder Wasser erhitzt und wieder abgekühlt wird, verändert es sein Gewicht nicht; ist aber ein solcher Dampfstrom darüber hinweggegangen, so wird es schwerer, weil es einen Bestandteil des Dampfes in sich aufgenommen hat, während der andere Bestandteil weiterging und hier von uns aufgefangen wurde. Und nun, da wir noch ein anderes Gefäß voll haben, will ich Euch daran eine sehr interessante Erscheinung zeigen. Es ist ein brennbares Gas, und ich könnte den Inhalt des Gefäßes auf einmal anzünden, um Euch das zu beweisen; aber ich will Euch mehr zeigen, wenn es geht. Es ist auch eine sehr leichte Substanz. Es steigt in der Luft empor und lässt sich nicht wie Wasserdampf verdichten. Ich nehme ein anderes Glasgefäß, welches nichts als Luft enthält; wenn ich es mit einem Wachsstock untersuche, finde ich, dass nichts als Luft darin ist. Ich nehme nun dieses Gefäß mit unserm neuen Gase und verfahre mit demselben, als ob es ein leichter Körper wäre. Ich halte zunächst beide Gefäße nebeneinander, die Mündungen nach unten. Nun kehre ich das mit dem neuen Gas gefüllte um, sodass seine Mündung aufwärts und gerade unter die Mündung des mit Luft gefüllten kommt. Das, welches vorhin das Gas enthielt, was enthält es jetzt? Ihr findet, dass es nur Luft enthält. Aber seht! Hier in dem anderen Gefäß ist das brennbare Gas, das ich also aus einem Gefäß in das andere, und zwar

Fig. 15

aufwärts ausgegossen habe. Es besitzt noch gänzlich seine vorigen Eigenschaften und verharrt in seiner Selbständigkeit; und es ist für unsere weiteren Untersuchungen über die Verbrennungsprodukte der Kerze von großem Wert.

Wir können aber die Substanz, welche wir eben durch die Einwirkung des Eisens auf Dampf oder Wasser bereitet haben, auch mithilfe jener anderen Körper darstellen, die Ihr bereits so schön auf Wasser habt wirken sehen. Wenn ich ein Stück Kalium nehme, und die nötigen Vorkehrungen treffe, so gewinne ich dasselbe Gas; und wenn ich dafür ein Stück Zink anwende, so finde ich bei genauer Untersuchung, dass es zunächst in gleicher Weise einwirkt. Aber das nächste Produkt dieser Einwirkung hüllt das Zink gleichsam wie ein Mantel ein, sodass das metallische Zink nicht mehr direkt mit Wasser in Berührung steht. Wir können deshalb, wenn wir nur Zink und Wasser in unser Gefäß tun, keine großen Resultate erhalten; und in der Tat zeigen diese beiden Körper für sich allein nur wenig Einwirkung. Nehme ich aber jenen Überzug hinweg, löse ich die einhüllende Substanz ab, was ich durch ein wenig Säure leicht bewerkstelligen kann, so finde ich sogleich, dass das Zink gerade so auf das Wasser wirkt wie Eisen, aber bei gewöhnlicher Temperatur. Die Säure ermöglicht dieses, indem sie mit dem Zinkoxid, das sich gebildet hat, in Verbindung tritt. Ich habe jetzt die Säure in das Glas gegossen, und es ist gerade, als hätte ich den Inhalt erhitzt, um dies scheinbare Aufkochen zu bewirken. Es steigt nun etwas vom Zink auf, sehr reichlich; das ist aber kein Dampf. Hier habe ich ein Gefäß voll davon, und Ihr werdet finden, dass ich genau dieselbe brennbare Substanz habe, die auch in dem Gefäß bleibt, wenn ich es umkehre, wie die, welche ich bei dem Experiment mit dem Flintenlauf gewann. Dieses aus dem Wasser dargestellte Gas ist wiederum dasselbe, wie es in der Kerze enthalten ist.

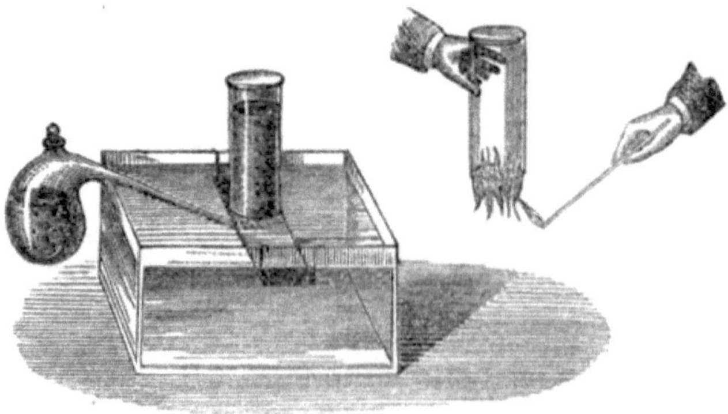

Fig. 16

Wasserstoff Versuchen wir nun, den Zusammenhang zwischen diesen beiden Erscheinungen genau zu bestimmen. Hier ist Wasserstoff – ein Körper, den man in der Chemie unter die sogenannten Elemente zählt, das sind Körper, die man nicht weiter in verschiedenartige Stoffe zerlegen kann. Eine Kerze ist kein Element, denn wir können aus ihr Kohle darstellen; wir können ferner aus ihr, oder doch aus dem Wasser, das sie liefert, Wasserstoff darstellen. Der Wasserstoff wird nach dem Griechischen auch Hydrogen genannt, weil er das Element ist, das in Verbindung mit einem anderen Wasser erzeugt (ὕδωρ, Wasser – *γεννάω*, ich erzeuge). Nachdem nun Herr Anderson zwei oder drei Gefäße mit dem Gase gefüllt hat, werde ich Euch jetzt ein paar Experimente damit zeigen. Ich habe kein Bedenken, sie Euch zu zeigen; denn ich wünsche sogar, dass Ihr sie nachmacht, wenn Ihr es nur mit Vorsicht und Aufmerksamkeit und unter Zustimmung Eurer Umgebung tut. Je weiter wir in der Chemie vorrücken, desto häufiger sind wir genötigt, mit Stoffen umzugehen, die an unrechter Stelle leicht Unheil anrichten können; die Säuren, die leicht entzündlichen Stoffe, die wir gebrauchen, auch das

Feuer, können verletzen, wenn sie sorglos gehandhabt werden. Wenn Ihr Wasserstoff darstellen wollt, so könnt Ihr das ganz leicht mittelst Zinkstückchen, Schwefel- oder Salzsäure und Wasser. Hier habe ich, wie man sie früher nannte, eine „Philosophen-Lampe“. Es ist ein kleines Fläschchen mit einem Kork und einer Glasröhre durch denselben.

Fig. 17

Ich tue jetzt ein paar kleine Stückchen Zink hinein. Dieser kleine Apparat ist sehr nützlich für unsere Demonstration; ich werde Euch zeigen, wie Ihr damit Hydrogen machen und einige Experimente zu Hause anstellen könnt. Ich will Euch sagen, warum ich die Flasche so sorgfältig fast voll, aber doch nicht ganz vollmache. Ich tue es, weil das herausströmende Gas, von dem Ihr wisst, dass es sehr leicht brennt, explodieren und dadurch Unheil anrichten würde, wenn es beim Anzünden noch mit Luft vermischt wäre, wenn ich es also an der Öffnung der Röhre entzündete, bevor alle Luft aus dem Raume über dem Wasser verdrängt ist. Ich tue nun Schwefelsäure hinein. Ich wähle das Mengenverhältnis von Zink, Schwefelsäure und Wasser so, dass ich einen regelmäßigen Strom erhalte – nicht zu schnell und nicht zu langsam. Wenn ich jetzt ein Glas nehme und es verkehrt über das Ende der Röhre halte, so wird es sich mit Wasserstoffgas füllen, und ich denke, dasselbe wird sich, weil es leichter ist als Luft, einige Zeit darin halten. Wir wollen jetzt den Inhalt unseres Glases prüfen, um zu sehen, ob es Wasserstoff enthält – nun, ich denke wir können sagen, wir haben es [indem er es anzündet] – da ist's, seht![11] Ich werde es nun am oberen Ende der Röhre anzünden. Seht, der Wasserstoff brennt. Da haben wir unsere Philosophenkerze. Es ist nur ein ärmliches, schwächliches Flämmchen, mögt Ihr sagen; es ist aber so heiß, dass kaum eine andere gewöhnliche Flamme eine so große Hitze liefert. Es brennt regelmäßig weiter, und ich will diese Flamme nun unter einer besonderen Vorrichtung brennen lassen, damit wir ihre Verbrennungsprodukte prüfen und den möglichsten Nutzen aus dem Versuche ziehen können. Da doch die Kerze Wasser entwickelt und dieses Gas aus dem Wasser kommt, so wollen wir nun sehen, was uns dieses durch denselben Verbrennungsprozess liefert, dem die Kerze unterlag, als sie an der atmosphärischen Luft brannte, und ich setze die Lampe deshalb unter diesen Apparat, um das zu verdichten, was aus der Wasserstoffflamme in denselben aufsteigt.

Nach kurzer Zeit werdet Ihr die Feuchtigkeit im Zylinder erscheinen und Wasser an den Wänden herablaufen sehen, und dieses Wasser aus unserer Wasserstoffflamme wird ganz eben dieselben Wirkungen auf unsere Prüfungsmittel ausüben, wie wir sie früher bei demselben Verfahren beobachtet haben.

Der Wasserstoff ist so leicht, dass er andere Körper emporhebt; er ist bedeutend leichter als die atmosphärische Luft, und ich werde Euch das an einem Experiment

---

11 Für diese Probe wähle man ein kleines, nicht zu weites Glas, z.B. ein Likörgläschen. Wenn dasselbe reines, also luftfreies Wasserstoffgas enthält, so entzündet sich sein Inhalt beim Annähern eines brennenden Körpers und mit einem leichten Knall. Tritt statt dessen ein Pfeifen, oder gar ein stärkerer Knall auf, so ist dies ein Zeichen, dass dem Gase noch Luft beigemengt war ; in diesem Falle darf das aus der Röhre ausströmende Gas durchaus noch nicht angezündet werden.

zeigen, welches wohl Einige von Euch bei einiger Sorgfalt nachmachen können. Hier ist unser Wasserstofferzeuger, und hier ist etwas Seifenwasser. Ich habe einen Kautschukschlauch mit dem Wasserstoffapparat verbunden und am Ende der Röhre eine Tonpfeife angebracht. Ich kann die Pfeife in das Wasser stecken und mithilfe des Wasserstoffs Seifenblasen machen. Ihr seht, dass die Blasen herabfallen, wenn ich sie mit meinem warmen Atem aufblase; nun aber bemerkt den Unterschied, wenn ich sie mit Wasserstoff aufblase! [Der Vortragende macht einige Wasserstoffblasen, die an die Decke des Zimmers emporsteigen.] Da seht Ihr, wie leicht das Gas sein muss, da es nicht allein die Seifenblase selbst, sondern auch noch einen großen Tropfen, der unten daran hängt, mit in die Luft nimmt. Ich kann seine Leichtigkeit auf noch bessere Weise zeigen; auch größere Blasen als diese können so emporgehoben werden, und man gebrauchte es in der Tat früher zum Füllen der Luftballons. Herr Anderson wird diese Röhre an unserem Apparat befestigen, und wir werden hier einen Wasserstoffstrom erhalten, mit dem wir diesen Ballon aus Kollodium füllen wollen. Ich brauche mir auch gar keine große Mühe zu geben, alle Luft aus dem Ballon zu verdrängen, denn die Hebekraft des Gases ist sehr bedeutend. [Zwei Kollodiumballons, werden gefüllt und losgelassen, von denen der eine an einer Schnur gehalten wird.] Hier ist ein anderer, größerer Ballon, aus ganz dünnem Häutchen verfertigt, den wir füllen und aufsteigen lassen wollen. Ihr werdet sehen, dass sie so lange herumfliegen, bis alles Gas daraus entwichen ist.

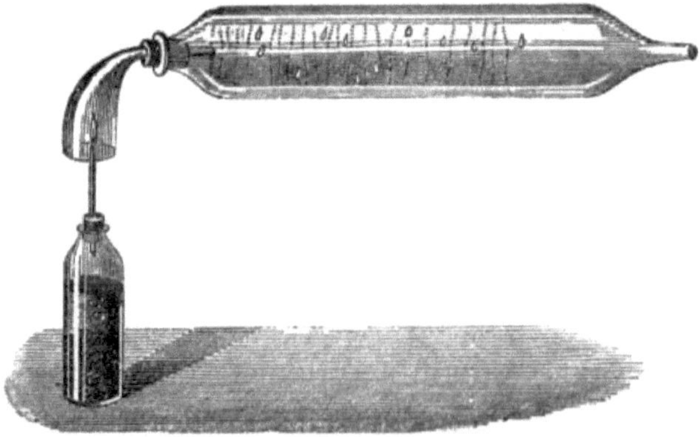

Fig. 18

Die außerordentliche Leichtigkeit des Wasserstoffs wird Euch noch deutlicher werden, wenn wir sein Gewicht mit dem eines anderen bekannten Stoffes, z.B. des Wassers, vergleichen. 1 Liter Wasser wiegt, wie Ihr wisst, 1 Kilogramm oder 1000 Gramm; 1 Liter Wasserstoffgas wiegt – unter gewöhnlichen Umständen – noch nicht $\frac{1}{10}$ Gramm! Und während 1 Kilogramm Wasser den Raum von 1 Liter einnimmt, würde 1 Kilogramm Wasserstoff, wie wir ihn hier auffangen, mehr als 11 000 Liter erfüllen.

Der Wasserstoff erzeugt keine Verbindung, die während der Verbrennung oder später als Verbrennungsprodukt fest wird; wenn er verbrennt, so liefert er nur Wasser; wenn wir ein kaltes Glas nehmen und es über die Flamme halten, so wird es undurchsichtig, und wir erhalten augenblicklich Wasser in merklicher Menge; und nichts anderes wird bei seiner Verbrennung erzeugt, als eben dasselbe Wasser, welches Ihr bei der Verbrennung der Kerze entstehen saht. Es ist wichtig festzuhalten, dass Wasserstoff der einzige Körper in der Natur ist, welcher Wasser als das einzige Produkt seiner Verbrennung erzeugt.

Wir sind jetzt genötigt, noch einige nachträgliche Versuche über die allgemeinen Eigenschaften und die Zusammensetzung des Wassers anzustellen, weswegen ich Euch noch eine kurze Zeit in Anspruch nehmen muss; wir sind dann bei unserer nächsten Zusammenkunft besser auf den Gegenstand vorbereitet. Wir haben es in der Gewalt, das Zink, welches Ihr mithilfe von Säure auf das Wasser wirken sähet, so in Tätigkeit zu setzen, dass sich alle Kraft an den Ort wendet, wohin wir es wünschen. Ich habe hinter mir eine Volta'sche Säule und will Euch zum Schluss des heutigen Vortrags ihre eigentümlichen Kräfte zeigen. Ich halte hier die Drahtenden, welche die Kraft fortleiten, und will sie auf Wasser wirken lassen. Volta'sche Säule

Wir haben früher gesehen, was das Kalium für eine Verbrennungskraft besitzt, ebenso das Zink und die Eisenfeilspäne; aber bei keinem zeigt sich so energische Kraft wie hier. [Der Vortragende lässt die beiden Enden der Leitung sich berühren, und es zeigt sich ein glänzendes Licht.] Dieses Licht ist durch die Kraft, von 40 Zinkplatten hervorgebracht; es ist eine Kraft, die ich durch diese Drähte ganz nach meinem Belieben leiten kann, obwohl sie mich, wenn ich sie auf meinen Körper wirken ließe, im Augenblick vernichten würde, und so groß ist die Kraft, die Ihr hervorgebracht seht, während Ihr 5 zählt, [indem er die Pole in Berührung bringt und das elektrische Licht erzeugt], dass sie der Gewalt manchen Gewitters gleich zu schätzen ist. Damit Ihr eine Anschauung von dieser ihrer Energie bekommt, will ich die Drahtenden nehmen, welche die Kraft von der Batterie hierherleiten, und seht: diese Eisenfeilspäne kann ich damit verbrennen! Nun, diese gewaltige chemische Kraft werde ich bei unserer nächsten Zusammenkunft auf Wasser wirken lassen, und Ihr werdet sehen, was der Erfolg sein wird.

*

Vierte Vorlesung

Chemische Wirkungen des elektrischen Stroms. Zerlegung des Wassers durch denselben. Wiederbildung von Wasser durch Entzündung des Knallgases. Sauerstoff, der zweite Bestandteil des Wassers. Quantitative Zusammensetzung des Wassers. Darstellung und Eigenschaften des Sauerstoffs. Seine Rolle bei den Verbrennungserscheinungen.

*

Wir haben an unserer brennenden Kerze gefunden, dass sie Wasser erzeugt, welches genau dem Wasser gleich ist, das wir in der Natur um uns her antreffen; und bei weiterer Untersuchung dieses Wassers fanden wir darin jenen merkwürdigen Körper – den Wasserstoff, jene leichte Substanz, von der wir dort in dem Gefäße noch etwas vorrätig haben. Wir sahen darauf die Glühhitze, mit der das Wasserstoffgas brennt, und dass dabei Wasser entsteht, und zuletzt habe ich Eure Aufmerksamkeit auf einen Apparat gelenkt, von dem ich kurz sagte, er sei eine Anordnung von gewaltiger chemischer Kraft, und zwar so eingerichtet, dass er seine Kraft durch diese Drähte uns zuführt; auch sagte ich noch, ich würde seine Kraft auf das Wasser einwirken lassen. Das nun will ich jetzt tun, um das Wasser in seine Bestandteile zu zerlegen, damit wir sehen, was außer dem Wasserstoff noch im Wasser enthalten ist; denn wir bekamen damals, als wir den Wasserdampf durch den glühenden Flintenlauf streichen ließen, durchaus nicht das Gewicht des Wassers zurück, welches wir in Dampfform angewandt hatten, obgleich wir eine große Menge Gas gewannen. Wir müssen nun also sehen, was für eine andere Substanz noch darin enthalten ist.

Wirkungen der Volta'schen Säule

Damit Ihr die Eigentümlichkeiten der Volta'schen Säule kennen und die Vorteile, die sie uns bietet, schätzen lernt, wollen wir jetzt etliche Experimente anstellen. Wir wollen zuerst einige Substanzen ihrer Einwirkung aussetzen, die wir kennen, und dann sehen, was unser Apparat mit ihnen vornimmt. Hier ist etwas Kupfer (beobachtet die verschiedenen Veränderungen, die es erleiden kann!) und hier ist Salpetersäure, Ihr werdet nun finden, dass die letztere, da sie ein starkes chemisches Agens ist, bedeutend auf das Kupfer einwirkt, wenn ich sie damit zusammenbringe. Ihr seht jetzt einen schönen roten Dampf aufsteigen; aber da wir diesen Dampf nicht gebrauchen und ihn auch nicht einatmen wollen, so wird Herr Anderson das Gefäß einige Zeit unter den Rauchfang halten, damit wir Nutzen und Schönheit des Experiments zugleich haben ohne die Belästigung. Das Kupfer, welches ich in die Flasche gelegt habe, löst sich auf, es verwandelt die Säure und das Wasser in eine blaue Flüssigkeit, die Kupfer und andere Dinge enthält, und ich will Euch dann zeigen, wie die Volta'sche Batterie damit verfährt. Inzwischen aber wollen wir einen anderen Versuch anstellen, der Euch die Kraft derselben zeigen soll. Hier ist eine Substanz, die uns wie Wasser erscheint, d.h. sie enthält Bestandteile, die wir jetzt noch nicht kennen, ebenso wie das Wasser einen Bestandteil enthält, den wir noch nicht kennen. Diese Auflösung eines Salzes will ich nun auf Papier bringen, darauf ausbreiten und dann die Kraft der Batterie darauf wirken lassen. Passt auf, was geschieht! Drei oder vier wichtige Dinge geschehen, von denen wir Nutzen ziehen wollen. Ich lege dieses nasse Papier auf ein Stück Zinnfolie, die sich zu diesem Zweck gut eignet. Ihr sehet, die Lösung ist durchaus nicht verändert worden, weder durch das Papier, worauf ich sie geschüttet, noch durch die Zinnfolie, noch durch irgendetwas anderes, was ich damit in Berührung gebracht habe; es steht uns also frei, unsern Apparat darauf wirken zu lassen. Indes wollen wir erst zusehen, ob dieser ganz in Ordnung ist. Hier sind die Drähte. Wir wollen doch einmal sehen, ob er sich noch in dem Zustande wie das letzte Mal befindet. Das können wir bald erfahren. Wenn ich die Drahtenden jetzt zusammenbringe, so erhalten wir keine Kraftäußerung, da die Leiter (die wir Elektroden nennen), die Durchgänge oder Wege für die Elektrizität, unterbrochen sind; aber jetzt hat mir Herr Anderson hierdurch [indem er sich auf einen plötzlich aufleuchtenden Blitz bezieht], telegrafiert, dass alles bereit ist. Ehe wir unsern Versuch beginnen, soll Herr Anderson wieder den Kontakt an der Batterie hinter mir unterbrechen, und wir wollen einen Platindraht zwischen die Pole spannen, und dann, wenn ich finde, dass ich diesen Draht in ziemlicher Länge glühend machen kann, sind wir des Erfolges bei unserm Experimente sicher. Sogleich werdet Ihr die Kraft in Tätigkeit sehen. [Die Verbindung wird hergestellt, und der zwischenliegende Draht wird rot glühend.] Die Kraft geht wundervoll durch den Draht hindurch, und nun, da wir ihrer Gegenwart sicher sind, wollen wir zu ihrer Anwendung bei Untersuchung des Wassers schreiten.

Hier habe ich zwei Platinbleche[12], und wenn ich sie auf dieses Stück Papier lege (das angefeuchtete Papier auf der Zinnfolie), so werdet Ihr durchaus keine Wirkung sehen; ich nehme sie in die Höhe, und Ihr seht, dass keine Veränderung eingetreten, sondern alles noch ist, wie zuvor. Jetzt indessen seht, was geschieht: Wenn ich diese beiden Pole (d.h. die Enddrähte der Batterie) nehme und einen oder den andern jeden besonders auf die Platinplättchen lege,

12 Platin ist ein edles Metall, ähnlich dem Silber.

so richten sie gar nichts aus – beide sind vollständig ohne Wirkung; wenn ich sie aber beide in demselben Augenblicke in Kontakt damit setze – seht her, was sich ereignet! [Ein dunkler Fleck erscheint unter jedem Pole der Batterie.] Ihr seht, dass sich von dem Weißen etwas abgetrennt hat – etwas Dunkles.[13] Ich zweifle nicht, dass, wenn ich den einen Pol an die Zinnfolie auf der andern Seite des Papiers anbringen würde, ich eine ebenso schöne Wirkung auf dem Papier bekomme, und ich möchte wohl versuchen, ob ich damit nicht schreiben kann, etwa ein Telegramm. [Der Vortragende schreibt mit dem einen Draht das Wort „Jüngling“ auf das Papier.] Seht, zu welch wunderschönen Resultaten wir gelangen!

Ihr seht, wir haben aus dieser Lösung etwas gezogen, was wir vorher nicht kannten. Jetzt wollen wir diese Flasche aus Herrn Andersons Hand nehmen und zusehen, was wir daraus abscheiden können. Sie enthält, wie Ihr wisst, eine Flüssigkeit, welche wir soeben aus Kupfer und Salpetersäure selbst dargestellt haben, indes wir unsere andern Versuche vornahmen. Obwohl ich das Experiment etwas zu hastig machen muss und dabei gern mancher kleine Fehler unterläuft, so will ich Euch doch lieber zusehen lassen, was ich mache, als alles schon im Voraus zu bereiten.

Nun passt auf, was geschieht! Diese zwei Platinplatten sind die beiden Enden des Apparats (oder vielmehr, ich werde sie gleich dazu machen), und ich will sie in Berührung mit jener Lösung bringen, gerade, wie wir oben mit

---

13 Der im Texte beschriebene Versuch setzt voraus, dass das Papier mit einer Auflösung von Bleizucker (oder einem ähnlichen Metallsalze) getränkt ist. Der Vorgang ist nicht ganz einfach und entzieht sich einer näheren Besprechung an dieser Stelle. – Wendet man statt des genannten Bleizuckers eine wässrige Auflösung von Jodkalium an, der ein wenig dünnen Stärkekleisters beigefügt ist, so erscheint unter dem einen Pol ein schön blauer Fleck.

dem Papier gemacht haben. Es kümmert uns nicht, ob die Lösung in dem Papier oder in dem Gefäß ist, wenn wir nur die Enden des Apparats mit derselben in Berührung bringen. Wenn ich diese beiden Platinbleche allein hineintauche, so kommen sie so rein wieder heraus, wie sie hinein kamen [indem er sie in die Flüssigkeit taucht, ohne sie mit der Batterie zu verbinden]; wenn wir aber die Kraft unserer Batterie hinzunehmen, und sie nun hineinlegen [die Bleche werden mit der Batterie verbunden und wieder hineingetaucht], so seht Ihr [indem er eins der Bleche herausnimmt], dass dieses plötzlich in Kupfer verwandelt zu sein scheint, wie wir es ursprünglich hatten; es ist wie ein kleiner Kupferteller geworden; dieses Blech hingegen [indem er das andere Platinblech herausnimmt] kommt ganz rein heraus. Wenn ich das verkupferte Stück auf die andere Seite nehme, so geht das Kupfer von der rechten zur linken Seite; die früher verkupferte Fläche erscheint nun rein, und die Fläche, welche früher rein war, kommt jetzt mit Kupfer bekleidet heraus; und so seht Ihr, dass wir dasselbe Kupfer, welches wir in die Lösung brachten, auf diese Weise mit unserm Apparat wieder herausnehmen können.

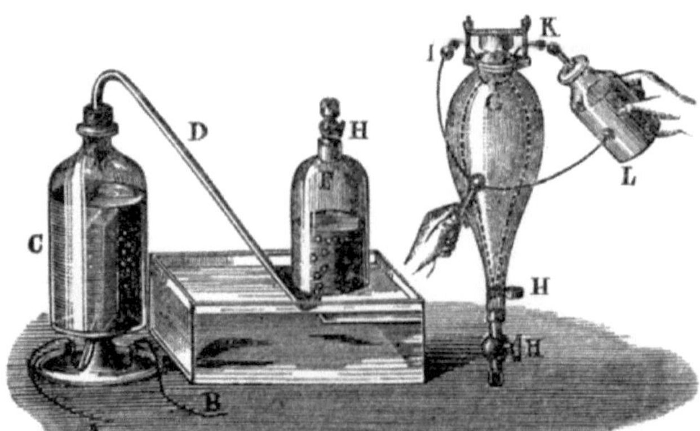

Fig. 19

Lassen wir nun aber das Kupfer bei Seite und sehen zu, welche Wirkung der Apparat auf das bloße Wasser ausübt. Hier sind zwei kleine Platinplatten, welche ich zu den Enden der Batterie machen werde, dies kleine Gefäß (C) ist so beschaffen, dass ich es in Teile zerlegen und Euch seine Konstruktion zeigen kann. In diese zwei Schälchen gieße ich Quecksilber, welches die Enden der Drähte A und B berührt, die mit den Platinplatten verbunden sind. In das Gefäß C gieße ich Wasser, das ein wenig Säure enthält (was nur geschieht, um die Wirkung zu erleichtern, sonst aber keinen Einfluss auf den Prozess ausübt), und verbinde mit der Öffnung des Gefäßes eine gebogene Röhre (D), welche Euch an die Röhre erinnern mag, die mit dem Flintenlauf in unserem Ofen-Experiment verbunden war, und die jetzt unter dem Gefäß F mündet. Unser Apparat ist nun fertig, und wir wollen jetzt auf eine oder die andere Weise auf das Wasser einzuwirken suchen. In dem früheren Falle ließ ich das Wasser durch eine rot glühende Röhre gehen; jetzt dagegen lasse ich Elektrizität durch den Inhalt des Gefäßes gehen. Vielleicht bringe ich das Wasser zum Kochen; wenn es kocht, erhalte ich Dampf; Ihr wisst, dass Wasserdampf sich verdichtet, wenn er kalt wird, und werdet daraus erkennen, ob ich das Wasser koche oder nicht. Vielleicht aber bringe ich es gar nicht zum Kochen, sondern rufe eine andere Wirkung hervor. Ich will Euch das Experiment vormachen, passt auf! Den einen Draht will ich auf dieser Seite (A) und den andern auf jener (B) anbringen, und Ihr werdet sehen, ob irgendeine Veränderung eintritt. Hier scheint es aufzukochen; aber kocht es? Wir wollen nachsehen, ob es in Dampfform austritt oder nicht. Ich glaube, Ihr würdet das Gefäß (F) bald mit Dampf gefüllt sehen, wenn das, was vom Wasser aufsteigt, Dampf wäre. Aber kann das Dampf sein? O gewiss nicht! Ihr seht ja, es bleibt unverändert. Es bleibt da über dem Wasser stehen, kann also kein Dampf sein, sondern wir müssen da irgendein permanentes Gas[14] vor uns haben. Was aber ist es? Ist es Wasserstoff? Ist es etwas anderes? Nun, wir wollen es prüfen. Wenn es Wasserstoff ist, wird es brennen. [Der Vortragende zündet einen Teil des gesammelten Gases an, welches mit einer Explosion verbrennt.] Es ist sicherlich etwas Brennbares, aber nicht in derselben Weise brennbar wie Wasserstoff, denn Wasserstoff würde kein solches Geräusch gemacht haben; aber die Farbe des Lichtes, das sich beim Brennen zeigte, glich der des Wasserstoffs. Dabei ist aber noch besonders merkwürdig: es brennt ohne Zufuhr von Luft. Um Euch die besonderen Eigentümlichkeiten dieses Vorganges zu zeigen, habe ich noch einen andern Apparat ausgestellt. Anstelle eines offenen Gefäßes habe ich ein geschlossenes genommen, und ich will Euch zeigen, dass dieses Gas, was es auch sein mag, die Fähigkeit besitzt, ohne Luft zu brennen und sich in dieser Beziehung von der Kerze unterscheidet, die ohne Luft nicht brennen kann. Wir machen dies folgendermaßen: Ich habe hier ein Glasgefäß (G), welches mit zwei Platindrähten (K und I) verbunden ist, durch die ich einen elektrischen Funken überspringen lassen kann; wir können das Gefäß auf eine Luftpumpe setzen und die Luft auspumpen, und wenn dies geschehen, können wir es hierher bringen, auf dem Gefäß (F) befestigen und durch Öffnen der Hähne H,H,H das Gas hineinlassen, welches durch die Einwirkung der Volta'schen Säule auf das Wasser entstand, und welches wir also durch eine Verwandlung des Wassers aus diesem erhielten – denn ich kann so weit gehen und in der Tat sagen, wir haben durch unser Experiment das Wasser in Gas verwandelt. Wir haben nicht nur seine Beschaffenheit verändert,

Zerlegung des Wassers durch Elektrizität

14 d.h. ein nicht verdichtbares Gas

sondern es auch wirklich und vollständig in diese gasförmige Substanz übergeführt. Wenn ich mm also das Gefäß (G) auf das Gefäß (F) aufschraube, indem ich die Röhren gut verbinde, und dann die Hähne öffne, so werdet Ihr an dem Steigen des Wassers in (F) sehen, dass das Gas nach oben geht. Jetzt ist das Gefäß (G) ganz damit angefüllt; ich schließe nun die Hähne, nehme das Gefäß vorsichtig herunter und will jetzt einen elektrischen Funken aus der Leidener Flasche (L) hindurchschlagen lassen, wodurch das Gefäß, welches jetzt ganz klar ist, trüb werden wird. Es wird dadurch nicht zertrümmert werden, denn es ist stark genug, um die Explosion auszuhalten. [Der Vortragende lässt einen Funken hindurchschlagen, durch den die explosionsfähige Mischung entzündet wird.] Saht Ihr das glänzende Licht? Wenn ich dieses Gefäß nun wieder an das untere Gefäß anschraube und die Hähne öffne, so werdet Ihr am Nachsteigen des Wassers erkennen, dass das Gas zum zweiten Male steigt. [Die Hähne werden geöffnet.] Das zuerst in dem Gefäß gesammelte und eben durch einen elektrischen Funken entzündete Gas ist verschwunden, wie Ihr seht; sein Platz ist leer, und neues Gas geht hinein. Es hat sich Wasser gebildet, und wenn wir unsere letzte Operation wiederholen, werden wir abermals einen leeren Raum bekommen, wie Ihr am Steigen des Wassers sehen könnt. Nach der Explosion bekomme ich immer ein leeres Gefäß, weil der Dampf oder das Gas, in welches das Wasser durch die Batterie verwandelt wurde, beim Durchschlagen des Funkens explodiert und wieder zu Wasser wird; und nach und nach werdet Ihr in dem oberen Gefäße einige Tropfen an den Seiten herabrinnen und sich am Boden sammeln sehen.

Wir haben hier eine neue Bildung des Wassers herbeigeführt, bei welcher die Atmosphäre gar nicht in Betracht kommt. Das Wasser aus der Kerze hatte sich unter Mitwirkung der Atmosphäre gebildet; auf diesem Wege aber entsteht es unabhängig von der Luft. Demnach müsste im Wasser jene andere Substanz enthalten sein, welche die Kerze aus der Luft entnimmt und durch deren Verbindung mit Wasserstoff Wasser entsteht.

Nun saht Ihr eben, dass das eine Ende der Batterie das Kupfer an sich zog, welches es in jenem Gefäß aus der blauen Flüssigkeit ausschied. Das wurde durch diesen Draht bewerkstelligt; und wenn die Batterie auf eine metallische Lösung eine solche Kraft ausübt, die wir beliebig in Wirksamkeit oder außer Wirksamkeit setzen können, sollten wir da nicht auch fragen dürfen, ob es vielleicht möglich ist, die Bestandteile des Wassers voneinander zu scheiden und sie beliebig zu versetzen? Versuchen wir's! Ich nehme die Pole – die metallischen Enden dieser Batterie – und nun passt einmal auf, was mit dem Wasser in diesem Apparat geschehen wird, wo wir die Pole weit voneinander getrennt haben. Ich bringe den einen hierher (nach A), den andern hierher (nach B), und hier habe ich kleine Brettchen mit Löchern, die ich auf jeden Pol setzen und so anbringen kann, dass das, was von den Enden der Batterie ausgeht, als getrenntes Gas erscheint; denn Ihr saht ja vorhin, dass das Wasser nicht in Dampf, sondern in Gas überging. Die Drähte sind jetzt in vollkommener Verbindung mit dem Gefäß, welches das Wasser enthält, und Ihr seht Blasen emporsteigen; wir wollen sie sammeln und untersuchen. Hier ist ein Glaszylinder (O); den fülle ich mit Wasser und stelle ihn über das eine Ende (A); ich nehme einen zweiten (H) und setze ihn über das andere Ende (B). Und so haben wir einen doppelten Apparat, in welchem an beiden Stellen Gas frei wird. Beide Gefäße werden sich mit Gas füllen. Seht, jetzt fangen sie schon an, das rechts (H) füllt sich sehr rasch, das links (O) nicht so rasch; und obwohl ich einige Blasen habe entweichen lassen, geht der Prozess doch ziemlich regelmäßig vor sich, und wenn nicht das eine Gefäß größer ist als das andere, so werdet Ihr sehen, dass ich in dem einen (H) dem Raume nach doppelt so viel bekomme wie in dem anderen (O). Beide Gase sind farblos; sie stehen über dem Wasser, ohne sich zu verdichten, sie scheinen sich durchaus gleich zu sein – ich meine, wie man's so mit den Augen sieht. Aber wir haben ja nun die schönste Gelegenheit, diese Körper zu untersuchen und ihre wirkliche Natur zu bestimmen. Ihre Masse ist groß genug, dass wir leicht Versuche mit ihnen anstellen können. Ich nehme dieses Gefäß (H) zuerst und fordere Euch auf, Euch bereitzuhalten, den Wasserstoff wiederzuerkennen.

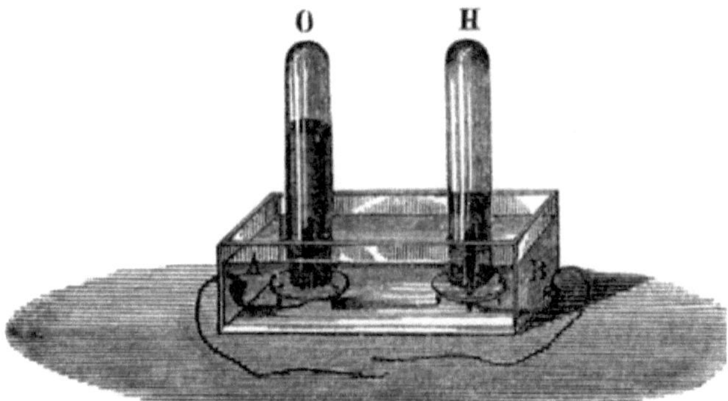

Fig. 20

Erinnert Euch aller seiner Eigenschaften – das leichte Glas, welches sich gut in umgekehrten Gefäßen hielt, mit einer blassen Flamme an der Mündung der Flasche brannte – und nun seht zu, ob dieses Gas nicht all diese Bedingungen erfüllt. Ist es Wasserstoff, so bleibt er hier, solange ich das Gefäß umdrehe. [Der Vortragende hält ein Licht daran und der Wasserstoff entzündet sich.] Was ist nun in dem anderen Gefäße? Ihr wisst, dass beide zusammen eine explodierende Mischung ausmachten. Aber was kann das sein, was wir als den anderen Bestandteil im Wasser finden und welches demnach die Substanz sein muss, die den Wasserstoff zum Brennen brachte? Wir wissen, dass das Wasser, welches wir in das Gefäß brachten, aus zwei Dingen bestand. Wir finden, eines von diesen ist Wasserstoff: Was muss nun das andere sein, das vor dem Versuche in dem Wasser war, und das wir nun hier für sich besonders angefangen haben? Ich stecke diesen brennenden Holzspan in das Glas. Seht, das Gas selber brennt nicht, macht aber den Span lebhafter brennen. Seht, wie es die Verbrennung beschleunigt! Das Holz brennt darin viel besser als an der Luft. Nun seht Ihr daraus auch, dass der andere im Wasser enthaltene Stoff, wenn das Wasser beim Brennen einer Kerze gebildet wird, aus der Atmosphäre genommen sein muss. Wie wollen wir nun diesen Körper nennen, A, B oder C? Wir wollen ihn O – wollen ihn Oxygen, *Sauerstoff* nennen; es ist dies ein ganz bezeichnender Name für ihn. Sauerstoff ist also dies hier, was wir als zweiten Bestandteil aus dem Wasser abgeschieden haben.

Sauerstoff

Wir gewinnen nun schon allmählich einen etwas tieferen Einblick in unsern Gegenstand, und wir werden bald begreifen, warum eine Kerze an der Luft brennt. Bei der Analyse des Wassers, d.h. bei der Zersetzung desselben in seine Bestandteile, erhalten wir zwei Raumteile Wasserstoff und ein Raumteil Sauerstoff. Dieses Verhältnis ist in der folgenden Zeichnung dargestellt und zugleich das Gewicht eines jeden Körpers beigefügt, woraus wir denn ersehen, dass der Sauerstoff viel schwerer ist als der Wasserstoff.

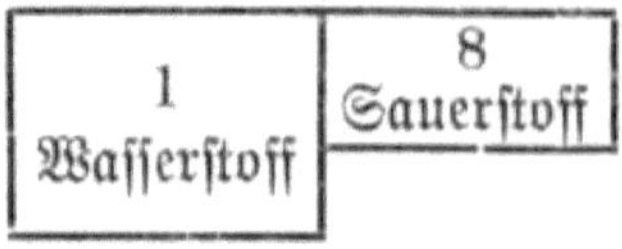

Sauerstoff	88,9
Wasserstoff	11,1
Wasser	100,0

Nachdem wir nun gesehen, wie wir den Sauerstoff aus dem Wasser abscheiden können, will ich Euch auch zeigen, wie er leicht in großer Menge darzustellen ist. Sauerstoff ist, wie Ihr Euch nun leicht vorstellen werdet, in der Atmosphäre vorhanden; denn wie könnte sonst eine brennende Kerze Wasser liefern, welches ja Sauerstoff enthält? Das wäre ja ganz unmöglich; Wasser erzeugen ohne Sauerstoff – das ist eine chemische Unmöglichkeit. Können wir Sauerstoff aus der Luft darstellen? Nun, es gibt einige sehr weitläufige und schwierige Prozesse, durch die das möglich ist; aber wir kennen viel bessere Wege. Da habe ich eine Substanz, namens Braunstein, ein ganz unansehnliches, aber sehr brauchbares Mineral. Wird dieser Braunstein rot glühend gemacht, so liefert er Sauerstoff. Hier ist eine eiserne Flasche, in der sich Braunstein befindet, und in ihren Hals ist ein Leitungsrohr eingefügt. Das Feuer ist bereit, und Herr Anderson wird nun die Retorte[15] hineinbringen; sie wird die Hitze schon aushalten, denn sie ist ja von Eisen. – Hier habe ich ein Salz, chlorsaures Kali genannt, das jetzt in größeren Mengen in der Feuerwerkerei, zu chemischen, medizinischen und manchen anderen Zwecken gebraucht wird. Davon mische ich etwas mit dem Braunstein (Kupferoxid oder Eisenoxid würden dieselben Dienste tun wie Braunstein), und wenn ich diese Mischung in die Retorte bringe, so ist bedeutend weniger als Rotglühhitze nötig, um den Sauerstoff daraus zu entwickeln. Ich beabsichtige nicht sehr viel zu machen, sondern ich will nur genug zu unserem Experimente haben; doch darf ich nicht zu wenig hineintun, weil das zu Anfang entwickelte Gas in der Retorte mit Luft vermischt ist, und

15 Eine Retorte ist ein Gefäß, welches wie die obige Flasche mit einem Rohre versehen ist, um Gase oder Dämpfe die sich beim Erhitzen seines Inhaltes entwickeln, ableiten und auffangen zu können.

ich deshalb gezwungen bin, diesen ersten Teil zu opfern; ich muss also das erste Gas entweichen lassen. Ihr werdet finden, dass hier eine gewöhnliche Spiritusflamme hinreichend ist, den Sauerstoff zu entwickeln, und so haben wir nun zwei Prozesse zu seiner Darstellung im Gange.

Fig. 21

Seht nur, wie reichlich das Gas aus jener kleinen Menge der Mischung entweicht. Wir wollen es nun prüfen und seine Eigentümlichkeiten untersuchen. Wie Ihr seht, erhalten wir auf diesem Wege ein Gas, ganz gleich demjenigen, welches uns der Versuch mit der Batterie lieferte, durchsichtig, unlöslich in Wasser, mit den gewöhnlichen sichtbaren Eigenschaften der Luft. (Da dieses erste Gefäß Luft enthält, die zusammen mit den ersten Portionen Sauerstoff entwichen war, so schaffen wir es fort und sind somit vorbereitet, unsere Versuche in völlig regelmäßiger und zuverlässiger Weise auszuführen.) An dem Sauerstoff, den wir soeben mittelst der V o l t a'schen Batterie aus dem Wasser abschieden, sahen wir ganz auffällig die Fähigkeit, das Brennen eines Holzspans, einer Kerze und dergl. zu begünstigen, und wir dürfen erwarten, dieselbe Eigentümlichkeit hier wiederzufinden. Versuchen wir es! Seht her: so brennt jetzt der Wachsstock in der gewöhnlichen Luft, und hier, wenn ich den Wachsstock in das Gefäß halte, seine Verbrennung in diesem Gas! Seht, wie hell und schön er brennt! Aber Ihr könnt noch mehr als dieses sehen, – Ihr bemerkt, dass es ein schweres Gas ist, während der Wasserstoff wie ein Ballon, in die Höhe geht, oder vielmehr rascher als ein Ballon, wenn er nicht das Gewicht der Umhüllung zu tragen hat. Ihr begreift wohl, wenn wir aus dem Wasser auch zweimal so viel Wasserstoff als Sauerstoff dem Umfang nach erhalten haben, so folgt daraus nicht, dass der erstere auch zweimal so schwer ist; das eine ist eben ein schweres, das andere ein sehr leichtes Gas. Wir haben Mittel, Luft- oder Gasarten zu wägen; aber ohne mich jetzt mit Auseinandersetzung derselben aufzuhalten, will ich Euch gleich sagen, wie groß ihr Gewicht ist. Der Unterschied ist sehr bedeutend: 1 Kubikfuß Wasserstoff wiegt 1/12 Unze, 1 Kubikfuß Sauerstoff aber wiegt 1 ⅓ Unze[16]. Der Sauerstoff ist also 16-mal so schwer als ein gleicher Raumteil Wasserstoff.

Fig. 22

Um die besondere Eigentümlichkeit des Sauerstoffs, die Verbrennung zu unterhalten, noch besser im Vergleich mit der Luft zu zeigen, mag uns dieses Stückchen Kerze dienen, obwohl

16 Unze ist ein englisches Gewicht, von dem 16 auf ein Pfund (engl.) gehen.

das Ergebnis etwas roh ausfallen wird. Hier brennt unsere Kerze an der Luft; wie wird sie im Sauerstoff brennen? Ich habe hier ein Gefäß mit Sauerstoff und werde es jetzt über die Kerze halten, damit Ihr die Wirkung dieses Gases mit der der Luft vergleichen könnt. Passt auf; es sieht beinahe so aus wie das Licht an den Polen der Batterie, das Ihr vorhin saht. Wie gewaltig muss doch diese Wirkung sein! Und dennoch wird während des ganzen Prozesses weiter nichts erzeugt, als was sich beim Brennen in der Luft entwickelt. Wir haben dieselbe Bildung von Wasser – ganz genau denselben Vorgang – mögen wir die Kerze in der Luft oder in diesem Gase verbrennen.

Ich will Euch noch einige Experimente zeigen, an denen sich die wirklich wunderbare Kraft des Sauerstoffs, die Verbrennung zu unterhalten, noch deutlicher zeigt. Hier habe ich z.B. eine Lampe, die ich trotz ihrer Einfachheit das Muster zu vielen Arten von Lampen nennen möchte, die zu den verschiedensten Zwecken gebaut worden sind – für Leuchttürme, mikroskopische Beleuchtung usw.; wenn wir nun beabsichtigten, sie sehr hell brennen zu lassen, so könntet Ihr wohl fragen: „Wenn eine Kerze besser im Sauerstoff brennt, warum nicht auch eine Lampe?“ Nun, sie tut's in der Tat. Herr Anderson wird mir eine Röhre geben, die von unserem Sauerstoff-Reservoir kommt, und ich werde sie in diese Flamme bringen, die ich absichtlich schlecht brennen lasse. Da kommt der Sauerstoff – ha, welch' prächtige Wirkung! Wenn ich ihn aber wieder absperre, was wird aus der Lampe? [Der Sauerstoffstrom wird unterbrochen, und die

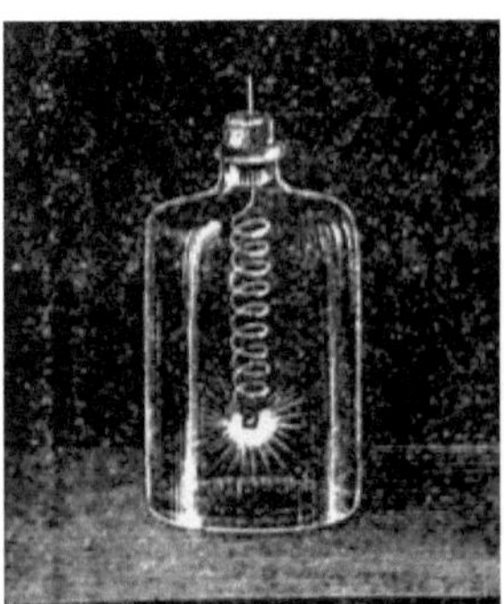

Fig. 23

Lampe fällt in ihre vorige Dunkelheit zurück.] Es ist wirklich wundervoll, wie wir durch den Sauerstoff die Verbrennung beschleunigen können. Und nicht etwa bloß bei der Wasserstoffflamme, bei der brennenden Kerze oder Kohle, sondern bei allen gewöhnlichen Verbrennungen zeigt sich das. Ihr habt z.B. schon etwas Eisen in der atmosphärischen Luft brennen sehen; nehmen wir diese Verbrennung auch einmal mit Sauerstoff vor. Hier ist eine Flasche voll Sauerstoff, und da habe ich einen Eisendraht – es könnte aber auch ein Stab so dick wie ein Handgelenk sein, er würde ebenso brennen. Ich befestige erst ein Stückchen Holz an den Draht, zünde das Holz an, und lasse sie nun zusammen in das Gefäß hinab. Das Holz hat jetzt Feuer gefangen und brennt so, wie eben Holz in Sauerstoff brennen muss; aber bald wird die Verbrennung auch das Eisen ergreifen. Seht, da brennt das Eisen ganz prächtig und wird lange Zeit so weiter brennen. Wenn wir fortwährend frischen Sauerstoff hinzuführen wollten, könnten wir die Verbrennung des Eisens unterhalten, bis es gänzlich verzehrt ist.

Doch lassen wir das jetzt beiseite, um noch die Verbrennung einiger anderer Substanzen zu beobachten; denn wir müssen mit der uns zugemessenen Zeit haushalten. Wir wollen ein Stück Schwefel nehmen; Ihr wisst, wie der Schwefel in der Luft brennt; nun bringen wir ihn in Sauerstoff, und Ihr werdet wiederum sehen, dass ein Körper, der an der Luft brennen kann, mit ungleich größerer Lebhaftigkeit im Sauerstoff brennt, und diese Erfahrung muss Euch auf den Gedanken bringen, dass die atmosphärische Luft ihre Fähigkeit, die Verbrennung zu unterhalten, einzig und allein diesem Gas verdankt. Der Schwefel brennt jetzt ganz ruhig in dem Sauerstoff; aber Ihr könnt keinen Augenblick die gesteigerte Lebhaftigkeit bei dieser Verbrennung verkennen, im Vergleich zu dem Brennen des Schwefels in gewöhnlicher Luft.

Auch die Verbrennung des Phosphors will ich Euch hier noch zeigen; ich kann das hier besser tun, als Ihr es selbst zu Haufe imstande seid. Wie Ihr wisst, ist der Phosphor sehr leicht entzündlich, und ein Körper, der schon in der Luft so leicht brennt, wie lebhaft wird der vollends in reinem Sauerstoff brennen! Ich darf Euch den Vorgang gar nicht in seiner vollen Heftigkeit zeigen, weil dabei unser ganzer Apparat in die Luft fliegen würde, und auch so schon werde ich das Zersprengen dieser Flasche vielleicht nicht vermeiden können. Ihr seht, wie sich der Phosphor an der Luft entzündet und brennt. Aber welch prachtvolles Licht strahlt er jetzt im Sauerstoff aus! Seht, wie da einzelne Stückchen abspringen, emporgeschleudert werden und jedes für sich heftig aufflammt, wodurch eben dieses glänzende Licht entsteht.

Fig. 24

So viel für jetzt von der Fähigkeit des Sauerstoffs, die Verbrennung anderer Körper aufs Lebhafteste zu unterhalten. Unsere nächste Aufgabe wird jetzt sein, sein Verhältnis zum Wasserstoff näher ins Auge zu fassen.

Sauerstoff und Wasserstoff

Ihr erinnert Euch, wie wir das Wasser in Sauerstoff und Wasserstoff zerlegten, dann die Mischung dieser beiden entzündeten und dabei eine kleine Explosion erhielten. Ihr erinnert Euch ferner, dass wir Sauerstoff und Wasserstoff in einem Gefäß miteinander verbrannten, wobei sich wenig Licht, aber sehr große Hitze entwickelte. Hier nun habe ich die beiden Gase genau in dem Verhältnis gemischt, in welchem sie im Wasser vorhanden sind, und diese Mischung will ich entzünden. Das Gefäß hier enthält genau ein Raumteil Sauerstoff und zwei Raumteile Wasserstoff; die Mischung ist also genau wie in dem Gas, das wir vorhin durch Zersetzung des Wassers mittelst der elektrischen Batterie erhielten. Weil ich aber nicht gleich die ganze Menge entzünden will – das wäre viel zu viel auf einmal –, so habe ich mir hier Seifenwasser zurechtgestellt, in das ich die Gasmischung einleite, um Seifenblasen zu bekommen, die damit gefüllt sind, und diese Seifenblasen will ich dann anzünden; auf diese Art können wir sehr einfach die Verbrennung des Wasserstoffs mit Sauerstoffbeobachten. Versuchen wir also zunächst, Seifenblasen zu bekommen. Ich leite die Gasmischung durch die Tonpfeife in das Seifenwasser und seht, da kommt das Gas, da habe ich schon eine Blase. Ich will sie auf der Hand auffangen. Ihr denkt vielleicht, das ist recht unvorsichtig von mir; aber ich will Euch nur zeigen, dass man sich aus bloßem Lärm und Geknalle nichts zu machen braucht. [Der Vortragende lässt durch Annäherung eines brennenden Hölzchens die Blase auf der Hand explodieren.] Ich muss mich aber sehr hüten, eine Blase gleich beim Austritt aus der Tonpfeife anzuzünden, weil dann die Explosion durch die Rohre rückwärts in das Gefäß schlagen und dieses in Trümmer zerschmettern würde. Der Sauerstoff vereinigt sich also, wie Ihr hier gesehen und an dem Knall gehört habt, mit größter Lebhaftigkeit mit dem Wasserstoff; und dabei werden seine eigentümlichen Kräfte ebenso wie die des Wasserstoffs völlig aufgehoben. Man sagt: Die Eigenschaften des Sauerstoffs und die des Wasserstoffs neutralisieren sich gegenseitig.

Nunmehr darf ich wohl annehmen, dass Ihr die innere Beziehung zwischen der chemischen Natur des Wassers, des Sauerstoffs und der atmosphärischen Luft genauer zu durchschauen vermögt. Ein Stück Kalium, das ich auf Wasser lege – wie ich es jetzt noch einmal tue – warum zersetzt es das Wasser? Weil es Sauerstoff in dem Wasser findet. Und was wird dabei frei? Wasserstoff wird frei, und dieser Wasserstoff brennt, während das Kalium selbst sich mit dem Sauerstoff verbindet; dieses Stück Kalium nimmt also, indem es das Wasser zersetzt – sehen wir es für Wasser an, das bei Verbrennung einer Kerze gebildet wurde – es entnimmt, sage ich, den Sauerstoff ebenso aus dem Wasser, wie ihn die Kerze aus der Luft entnahm, und lässt dabei den Wasserstoff frei werden. Und diese schöne verwandtschaftliche Zuneigung des Sauerstoffs und des Kaliums zueinander zeigt sich selbst dann, wenn ich ein Stückchen Kalium auf Eis lege – augenblicklich, seht Ihr, wird das Kalium vom Eis in Brand gesetzt.

Ich wollte Euch das alles heute noch zeigen, um Eure Einsicht in diese Vorgänge zu erweitern und damit Ihr seht, wie sehr die Erscheinungen von den Umständen abhängen. In Berührung mit dem Kalium bringt das Eis eine Art von vulkanischer Wirkung hervor.

Da ich jetzt dergleichen ungewöhnliche Erscheinungen einmal berührt habe, so wird es bei unserer nächsten Zusammenkunft meine Aufgabe sein, Euch zu zeigen, dass uns von keiner derselben Gefahr droht, dass wir von ihnen nichts zu befürchten haben, wenn wir nur, wie beim Gebrauch der Kerze im Zimmer oder des Leuchtgases auf den Straßen oder der Feuerung im Ofen, stets die Naturgesetze zu unserer Richtschnur nehmen, denen sie unterworfen sind.

*

Fünfte Vorlesung

Die atmosphärische Luft, eine Mischung aus Sauerstoff und Stickstoff. Eigenschaften des Stickstoffs. Quantitative Zusammensetzung der Luft. Das Wägen der Gase. Luftdruck. Elastizität der Luft. – Kohlensäure als Verbrennungsprodukt der Kerze. Erkennung der Kohlensäure. Ihr Vorkommen in der Natur. Darstellung und Eigenschaften der Kohlensäure.

*

Wir haben gesehen: Beim Verbrennen einer Kerze gewinnen wir Wasser, und aus diesem Wasser können wir Wasserstoff und Sauerstoff darstellen. Der Wasserstoff, wisst Ihr, stammt von der Kerze her, und der Sauerstoff tritt aus der Luft hinzu. Da könnt Ihr nun mit Recht fragen: „Wie kommt's denn aber, dass die Kerze nicht gleich gut in Luft und in Sauerstoff brennt?" Ihr erinnert Euch recht gut, wie ich ein brennendes Stückchen Kerze in Sauerstoff brachte (vergl. Fig. 22, S. 105), dass da die Verbrennung eine ganz andere, nämlich viel lebhafter war, als in der atmosphärischen Luft. Nun, warum das? Diese Frage ist von der höchsten Wichtigkeit für uns, sie berührt ganz unmittelbar die Natur der atmosphärischen Luft, und ich werde mich bemühen, sie Euch verständlich zu beantworten.

Die lebhaftere Verbrennung der Körper im Sauerstoff kann uns als Erkennungsmittel dieses Gases dienen. Ihr habt gesehen, wie eine Kerze an der Luft und wie sie in Sauerstoff brennt; Ihr habt dasselbe beobachtet beim Phosphor und ebenso bei Eisenfeilspänen. Es gibt indes noch verschiedene andere Mittel für denselben Zweck, und um Eure Erfahrung und Eure Einsicht zu bereichern, werde ich Euch noch etliche vorführen. Hier habe ich ein Gefäß voll Sauerstoff; dass solcher darin ist, muss ich Euch freilich erst nachweisen: ich bringe einen schwach glimmenden Span hinein, und die Erfahrungen, die Ihr das vorige Mal gesammelt habt, lassen Euch den Erfolg mit Bestimmtheit Voraussagen – seht her: Durch diese lebhafte Verbrennung ist die Anwesenheit des Sauerstoffs unzweifelhaft nachgewiesen. Und nun eine andere, und zwar sehr merkwürdige und nützliche Probe aus Sauerstoff. Da habe ich zwei Gefäße; beide sind mit Gasen gefüllt und zwischen ihnen befindet sich eine Platte, damit die Gase sich nicht berühren können. Die Platte nehme ich jetzt weg, und die beiden Gase kriechen nun förmlich ineinander. „Was geschieht denn da?", fragt Ihr; „Es findet ja keine Verbrennung statt, wie wir's bei der Kerze gesehen haben!" Und dennoch sollt Ihr in dieser Verbindung des einen Gases mit dem anderen einen Beweis für die Gegenwart von Sauerstoff kennenlernen. Seht das schön rotbraun gefärbte Gas, welches auf diese Weise entstanden ist! Wir können das Experiment in derselben Weise auch mit gewöhnlicher Luft machen, wenn wir sie mit diesem Prüfgas[17] mischen. In diesem Gefäß hier ist nur Luft – dieselbe Luft wie die,

17 Dieses „Prüfgas" ist das sogenannte Stickoxid der Chemiker, eine Verbindung von Stickstoff (von welchem in dieser Vorlesung ausführlich die Rede ist) und Sauerstoff. Es ist ausgezeichnet durch die Eigenschaft, sich in Berührung mit freiem Sauerstoff sogleich mit diesem zu einer sauerstoffreicheren Verbindung zu vereinigen. Da Stickoxid und Sauerstoff farblose und unsichtbare Gase sind, das Gas, welches durch ihre Verbindung entsteht, aber dunkelrotbraun gefärbt ist, so zeigt in der Tat das Stickoxid die Gegenwart von freiem Sauerstoff in einer sehr augenfälligen Weise an.

in welcher die Kerze brannte – und diese Flasche enthält unser Prüfgas; ich lasse sie über Wasser zusammenkommen, und nun seht das Ergebnis: der Inhalt der Versuchsflasche fließt in das Gefäß über, welches nur Luft enthielt; wir beobachten genau denselben Vorgang, wie soeben beim Sauerstoff und schließen daraus wiederum, dass der Sauerstoff auch in der Luft vorhanden ist – ganz derselbe Sauerstoff, den wir schon aus dem von der Kerze entwickelten Wasser darstellten. Aber warum brennt denn nun die Kerze in der Luft doch nicht so gut wie in Sauerstoff? Nun, wir werden sogleich auf diesen Punkt kommen. Hier habe ich zwei Gläser; beide sind bis zu derselben Höhe mit Luftarten gefüllt, die ganz gleiches Aussehen haben, und in der Tat weiß ich augenblicklich nicht, welches von beiden Gefäßen Sauerstoff und welches atmosphärische Luft enthält – nur dass sie mit diesen Gasen sorgsam gefüllt wurden, weiß ich bestimmt. Indes, da habe ich ja unser Prüfgas von vorhin; das will ich auf beide Gefäße einwirken lassen, um zu sehen, ob sich, an dem Braunwerden dieses Gases in den beiden anderen Gasen eine Verschiedenheit zeigt. Ich lasse das Gas also in eins der Gläser einfließen und sehe zu, was sich ereignet. Da seht, es wird sofort braun – also ist Sauerstoff darin! Nehmen wir nun das andere Gefäß vor. Ihr seht, das wird nicht so rasch und nicht so entschieden braun als das erste. Dabei zeigt sich aber noch folgender merkwürdige Umstand: Wenn ich diese beiden Gase mit Wasser gut durchschüttle, so nimmt das Wasser das braune Gas in sich auf, löst es, und wenn ich dann von Neuem etwas Prüfgas hineinlasse, sodass abermals braunes Gas entsteht, und schüttle wieder, so wird es wiederum aufgelöst, und das kann ich so lange fortsetzen, als noch eine Spur Sauerstoff in dem Gefäß vorhanden ist.

Atmosphärische Luft

Wenn ich das Prüfgas in die Luft bringe, so ist der Vorgang ein anderer. Zuerst entsteht auch hier das braune

Gas; sobald ich dann Wasser hineinbringe, verschwindet das braune Gas, und ich kann so fort und fort von unserem Prüfgas mehr hinzufügen, bis ich zu einem Punkt komme, wo durch diesen eigentümlichen Körper, der die Luft und den Sauerstoff braun färbt, keine Bräunung mehr hervorgerufen wird. Woher kommt das? Ihr seht es im Augenblick: weil außer dem Sauerstoff noch etwas anderes in der Luft enthalten ist, was zuletzt übrig bleibt. Ich will noch ein wenig Luft in das Gefäß entlassen, und wenn dann wieder eine Bräunung erfolgt, so könnt Ihr daraus schließen, dass von dem braunfärbenden Gas noch etwas darin war, dass also auch nicht der Mangel desselben das Zurückbleiben jener Luftart bedingte.

Nunmehr werdet Ihr leichter imstande sein, das zu verstehen, was ich eigentlich zu sagen habe. Als ich Phosphor in einem Gefäß verbrannte[18], saht Ihr, als sich der aus Phosphor und dem Sauerstoff der Luft gebildete Rauch abgesetzt hatte, dass etwas aus der Luft in ziemlicher Menge unverbraucht übrig geblieben war – ganz so, wie hier das Prüfgas etwas unberührt zurücklässt; und wirklich ist es ein und dasselbe Gas, welchem dort der Phosphor wie hier das braunfärbende Gas nichts anhaben konnte, und dieses Etwas ist eben kein Sauerstoff, und doch ein Bestandteil der atmosphärischen Luft.

Da haben wir also ein Mittel gefunden, die Luft in die beiden Stoffe zu zerlegen, aus denen sie zusammengesetzt ist – in Sauerstoff, der die Kerze, den Phosphor und alles andere verbrennen macht, und in den anderen Körper, der keine Verbrennung bewirkt, den Stickstoff, Nitrogen. Dieser andere Bestandteil ist in weit überwiegender Menge in der Luft enthalten. Bei seiner Prüfung werden wir ganz sonderbare Eigenschaften an ihm entdecken; es

18 Siehe Fig. 9, Seite 65.

ist ein ganz merkwürdiger Körper, obwohl er Euch vielleicht ganz uninteressant vorkommt. In mancher Hinsicht mag er dies freilich scheinen, z.B. darin, dass er keine glänzenden Verbrennungserscheinungen bewirkt. Wie den Wasserstoff und den Sauerstoff will ich auch ihn zunächst mit meinem Wachslicht prüfen. Da seht, er entzündet sich nicht, wie es der Wasserstoff tat, und er lässt den Wachsstock nicht fortbrennen, wie wir's beim Sauerstoff sahen; ich mag's anstellen, wie ich nur will, er tut weder dies noch jenes; er selbst fängt nicht Feuer, und den brennenden Wachsstock verlöscht er gar; jede Flamme löscht er aus, mag brennen, was da will; es gibt nicht e i n e n Körper, der unter gewöhnlichen Umständen darin zu brennen vermag. Der Stickstoff riecht nicht, er schmeckt nicht, er löst sich nicht im Wasser, er ist weder sauer, noch alkalisch, er ist so völlig indifferent gegen alle unsere Sinne, wie es nur irgendetwas sein kann. Da möchtet Ihr vielleicht sagen: „Mit dem ist nichts – der ist unsrer Aufmerksamkeit gar nicht wert – was tut denn der in der Luft?" Doch halt! Lasst uns nur etwas genauer zusehen, ob wir an ihm nicht ganz wichtige und schöne Beobachtungen machen können. Nehmen wir einmal an, die Luft bestände aus lauter Sauerstoff, statt aus einer Mischung von Stickstoff mit Sauerstoff – was würde da aus uns werden? Ihr wisst, dass ein glühendes Stück Eisen in einem Gefäß mit reinem Sauerstoff vollständig verbrennt; nun seht den eisernen Rost auf dem Herd im Feuer – wo würde er bleiben, wenn die Luft nur aus Sauerstoff bestände! Der Rost würde fast ebenso schnell verbrennen als die Kohlen; denn auch das Eisen des Rostes hat große Neigung zum Verbrennen, d.h. es hat eine sehr bedeutende Verwandtschaft zum Sauerstoff. Das Feuer in einer Lokomotive würde ein Feuer mitten in einem Holzmagazin sein, wenn die atmosphärische Luft aus lauter Sauerstoff bestände. Der Stickstoff aber bändigt das Feuer, macht es uns dienstbar, und außerdem nimmt er die andern Verbrennungsprodukte mit sich fort, wie Ihr sie auch bei der Kerze habt aufsteigen sehen, zerstreut sie in der weiten Atmosphäre und leitet sie an Stellen hin, wo sie einem andern herrlichen Zwecke zum Wohle des Menschen dienen, nämlich zur Unterhaltung der Vegetation. Und so seht Ihr, dass dieser Stickstoff, den Ihr anfänglich für so uninteressant hieltet, uns ganz wunderbare Dienste leistet.

Der Stickstoff ist in seinem gewöhnlichen Zustand ein völlig indifferentes Element; auch die stärkste elektrische Kraft veranlasst ihn kaum, und jedenfalls nur in sehr geringem Grade, eine direkte Verbindung mit dem anderen Bestandteil der Luft, mit dem Sauerstoff, oder mit irgendeinem anderen Körper einzugehen; er ist ganz und gar indifferent, und ich möchte ihn deshalb einen Sicherheitsstoff nennen.

Bevor wir indes in unserer Betrachtung fortfahren, muss ich von der atmosphärischen Luft selbst noch einiges sagen. Ich will hier die Zusammensetzung von 100 Teilen Luft anschreiben:

	Raumteile	Gewichtteile
Sauerstoff	21	23
Stickstoff	79	77
	100	100

Das ist genau das Verhältnis des Sauerstoffs und des Stickstoffs in der atmosphärischen Luft, wie es uns die Analyse ergibt; wir finden, dass 5 Raumteile atmosphärischer Luft ungefähr 4 Raumteile Stickstoff auf 1 Raumteil Sauerstoff enthalten. Eine so überwiegende Menge Stickstoff ist also erforderlich, um den Sauerstoff so weit in seiner Wirkung zu mäßigen, dass unsere Kerze ordentlich brennt, und ferner die Luft in einen solchen Zustand zu versetzen, dass unsere Lungen ruhig und gesund darin atmen können. Denn beides, unser Atmen sowohl wie das Brennen der Kerze oder der Feuerung im Ofen, hängt gleichmäßig von diesem richtigen Mischungsverhältnis des Sauerstoffs und des Stickstoffs in der Luft ab.

Nun muss ich Euch aber auch das Gewicht dieser Gase selbst angeben. Es wiegt:

1 Kubikmeter (1000 Liter) Stickstoff	1256 Gramm
1 „ „ „ Sauerstoff	1430 „
1 „ „ „ atmosph. Luft	1293 „

Das Wägen der Gase

Ich habe schon mehrmals die Frage von Euch gehört und mich gefreut, dass Ihr sie tatet: „Wie wägt man Gase?“ Ich will es Euch zeigen. Es ist ganz einfach und leicht. Hier habe ich eine Waage und hier eine kupferne Flasche; diese ist so dünn und leicht als möglich gemacht, doch so, dass sie noch fest und stark ist, zugleich vollkommen luftdicht und auf der Drehbank sauber abgedreht. Sie ist mit einem Hahn versehen, den man leicht schließen und öffnen kann; jetzt steht er offen, lässt also die Luft frei in die Flasche eintreten. Hier nun habe ich meine feine, sehr empfindliche Waage, und ich denke, die Flasche in ihrem gegenwärtigen Zustande wird gerade von dem Gewicht gehalten werden, das auf der anderen Schale liegt. Ferner habe ich hier

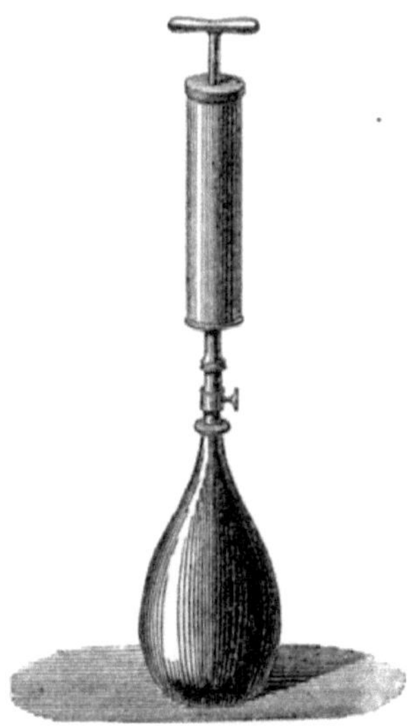

Fig. 25

eine Pumpe, mittelst welcher wir Luft in die kupferne Flasche pressen können, und zwar wollen wir eine gewisse Anzahl von Raumteilen Luft hineinpressen, denen der Stiefel der Pumpe als Maß dient. Wir wollen jetzt gleich zwanzig solcher Raumteile in die Flasche hineinpumpen.

– So! – Nun schließen wir den Hahn fest und bringen die Flasche auf die Waage. Seht, wie sie sinkt! Sie ist jetzt bedeutend schwerer geworden. Wodurch? Nun, durch die Luft, die wir mit der Pumpe hineingepresst haben. Es ist nichts als Luft darin, die Luft darin nimmt auch keinen größeren Raum ein, aber wir haben schwerere Luft in demselben Raum, weil wir eben die Luft zusammengepresst haben. Damit Ihr nun auch erfahrt, wie viel dem Raum nach die eingepresste Luft beträgt, habe ich hier eine Flasche voll Wasser, deren Hals genau in den der Kupferflasche passt und ebenfalls mit einem Hahn versehen ist. Ich schraube sie beide sorgfältig aufeinander und öffne die Hähne, sodass nun die durch 20 Pumpenzüge komprimierte Luft in die Glasflasche übertreten und sich ungehindert zu ihrem ursprünglichen Umfang wieder ausdehnen kann. Um nun sicher zu sein, dass wir bei unsrer Arbeit ganz richtig zu Werke gegangen sind, wollen wir die kupferne Flasche wieder auf die Waage legen; wird sie von dem Gewicht auf der andern Schale – es ist noch dasselbe wie vorhin – auch jetzt wieder genau im Gleichgewicht gehalten, so war unser Experiment richtig. Seht, die Waage steht ganz gleich. Auf diese Weise also können wir das Gewicht der Luftmenge ermitteln, die wir mittelst der Pumpe hineinpressen und daraus dann das Gewicht eines Kubikmeter Luft zu 1293 Gramm bestimmen. Doch kann solch ein Experiment im Kleinen Euch unmöglich die ganze Bedeutung dieses Gegenstandes vor Augen führen. Es ist wahrhaft wunderbar, wie viel auffälliger sie wird, wenn man solche Versuche mit größeren Luftmengen ausführt. Dieses

Volumen Luft hier – das ist ein Liter – wiegt nicht ganz l ⅓ Gramm. Wie hoch schätzt Ihr den Inhalt des Kastens dort, den ich eigens zu diesem Zweck habe machen lassen? Die Luft darin wiegt gerade ein Pfund, ein volles Pfund. Auch das Gewicht der Luft in diesem Saale habe ich berechnet; sie wiegt – Ihr werdet's kaum denken – aber sie wiegt wirklich über eine Tonne (d.i 1000 Kilogramm).

Fig. 26

Seht, so ungeheuer wachsen da gleich die Zahlen an, und von solcher Bedeutung ist die Gegenwart der atmosphärischen Luft und des Sauerstoffs und Stickstoffs in ihr, woraus wir wiederum auf die Größe des Nutzens schließen können, den sie uns schafft, indem sie Stoffe hin und her, von einem Ort zum andern versetzt und schädliche Dünste dahin bringt, wo sie nützlich wirken, statt zu schaden.

Luftdruck

Nachdem wir nun diese kurze Betrachtung über das Gewicht der Luft angestellt haben, wollen wir auch gleich einige Folgerungen ziehen, ohne welche Ihr so manches andere, zu dem wir noch gelangen werden, nicht recht verstehen würdet. Erinnert Ihr Euch vielleicht eines ähnlichen Experimentes? Habt Ihr noch nichts dergleichen beobachtet? Ich will einmal eine ähnliche Pumpe nehmen, wie ich sie kürzlich benutzte, um Luft in die kupferne Flasche hineinzupressen, und will einen Apparat damit verbinden, dessen Öffnung ich mit der Hand bedecken kann. Wir können die Hand in freier Luft so leicht hin und her bewegen, dass wir kaum glauben, etwas dabei zu fühlen; es erfordert schon eine sehr rasche Bewegung, um einen Widerstand der Luft gewahr zu werden. Wenn ich aber meine Hand hierher lege, auf den sogenannten Rezipienten der Luftpumpe, und nun die Luft herauspumpe – seht da, was geschieht! Warum ist meine Hand auf einmal an den Apparat gefesselt, sodass ich die ganze Luftpumpe mit herumziehen kann, da ich sie doch gar nicht anfasse und halte? Seht, ich kann die Hand kaum wieder davon losmachen. Nun, was ist die Ursache? Es ist das Gewicht, der Druck der Luft – das Gewicht der d a r ü b e r befindlichen Luft drückt meine Hand so fest auf den leeren Raum darunter.

Ich will noch ein anderes Experiment machen, welches Euch darüber noch besser Aufklärung geben wird. Über diesen Zylinder ist eine Schweinsblase ausgespannt und festgebunden; ich bringe den Zylinder auf die Luftpumpe und pumpe die Luft heraus – Ihr werdet gleich den Erfolg sehen, jetzt ist die Blase flach ausgespannt; setze ich aber die Pumpe ein wenig in Bewegung – seht, wie sie einsinkt, wie sie nach unten eingedrückt wird; seht, wie sie tiefer und immer tiefer niederwärts geht, bis sie vermutlich zuletzt durch die Gewalt der darauf drückenden Luft zersprengt werden wird. [Die Blase zerspringt zuletzt mit einem lauten Knall.] Das geschah einzig und allein durch die darauf drückende Last der darüber stehenden Luft, und dieser Hergang ist ganz leicht zu verstehen.

Fig. 27

Die Luftschichten können wir uns übereinander aufgestapelt denken, wie die fünf Würfel hier aufeinander stehen. Nun seht Ihr doch, dass die vier oberen von diesen Würfeln von dem fünften, der auf dem Boden aufliegt, getragen werden, und wenn ich diesen wegnehme, so müssen die oberen heruntersinken. Gerade so ist's auch bei der atmosphärischen Luft. Die oberen Luftschichten werden von den untersten getragen, ruhen auf ihr, und wenn diese untere Luftschicht weggepumpt wird, so müssen

Fig. 28

eben Wirkungen eintreten, wie Ihr sie an meiner auf den Rezipienten gefesselten Hand und am Zersprengen der Blase gesehen habt, und wie Ihr sie jetzt noch besser beobachten sollt. Über dieses Gefäß hier habe ich eine Gummihaut gespannt und werde nun die Luft herauspumpen. An diesem Gummi, der also eine Scheidewand zwischen der unteren Luftschicht und der oberen bildet, könnt Ihr den Druck sehr deutlich beobachten. Jetzt kann ich schon die ganze Hand in das Gefäß hineinlegen. Und dieses Resultat wird einzig bewirkt durch den gewaltigen Druck der oberen Luftschichten. Wie schön zeigen sich da diese wunderbaren Verhältnisse!

Hier habe ich einen kleinen Apparat, an dem Ihr nachher, wenn ich meinen Vortrag geschlossen habe, Eure Kraft im Ziehen erproben könnt. Er besteht aus zwei hohlen Halbkugeln von Messing, deren Ränder genau aufeinander Passen; die eine ist mit einer Röhre versehen, an der sich ein Hahn befindet, sodass man die Luft herauspumpen und dann abschließen kann. Seht, die beiden Hälften lassen sich jetzt, wo Luft darin ist, ganz leicht auseinandernehmen; wenn wir aber die Luft herauspumpen, so werdet Ihr nachher sehen, dass je zwei von Euch mit allem Kraftaufwande nicht imstande sind, sie auseinanderzuziehen. Jeder Quadratzentimeter der Oberfläche der geschlossenen und ausgepumpten Kugel hält einen Druck von ungefähr einem Kilogramm aus, und Ihr mögt nun Eure Stärke versuchen und zusehen, ob Ihr dieses Luftdruckes Herr werdet.

Hier hab' ich noch ein anderes hübsches Ding – einen Sauger für Kinder, nur etwas verbessert von der Wissenschaft. So junge Leute, wie wir, sind ganz in ihrem Recht, nach Spielzeug zu greifen und es zum Gegenstand ihrer Forschung zu machen, wie ja auch manchmal die Wissenschaft zur Spielerei gemacht wird. Hier ist also unser Sauger; er besteht aus Gummi. Wenn ich ihn auf den Tisch aufklappe, seht, da steht er auf einmal fest. Nun, warum tut er das? Ich kann ihn auf dem Tische gleiten lassen; will ich ihn aber emporheben, so scheint er den Tisch mit in die Höhe ziehen zu wollen; ich kann ihn ganz leicht von einer Stelle zur andern schieben, aber nur wenn ich ihn an die Kante des Tisches bringe, lässt er sich wegziehen. Auch dieser Sauger wird nur durch den Luftdruck so fest gehalten. Hier hab' ich mehrere; da nehmt ein Paar und drückt sie aneinander! Ihr werdet sehen, wie fest sie zusammenhalten. Sie können wirklich ganz gut zu dem Zweck gebraucht werden, zu dem man sie in Vorschlag gebracht hat, nämlich sie an Fenstern oder glatten Wänden zu befestigen und allerlei kleine Sachen daran aufzuhängen; sie werden einen ganzen Tag daran festhalten. Ich weiß indes, dass Kinder besonders solche Experimente gern sehen, die sie zu Hause leicht nachmachen können, und darum will ich Euch noch ein recht hübsches zur Veranschaulichung des Luftdruckes zeigen. Hier ist ein Glas voll Wasser; wenn ich Euch nun frage, ob Ihr das Glas so umdrehen könnt, dass das Wasser nicht herausläuft, aber ohne dass Ihr's mit der Hand zuhaltet – es soll nur durch den Luftdruck darin gehalten werden – würdet Ihr das machen können? Nehmt ein Weinglas, ganz oder halb voll Wasser, legt ein glattes Stück Papier oben auf, dreht es vorsichtig um, wie ichs hier mache, und nun seht zu, was mit dem Wasser und dem Papier wird. Die Luft kann nicht hinein, weil das Wasser vermöge seiner kapillaren Anziehung Papier und Glasrand ringsherum fest zusammenhält. Und das Wasser fließt nicht heraus, da es durch den äußeren Luftdruck zurückgehalten wird.

Ich hoffe, dass Ihr durch alles dieses eine richtige Vorstellung von dem Gewichte, also auch von der Körperlichkeit der Luft bekommen habt, und wenn ich Euch sage, dass der Kasten dort ein Pfund Luft enthält und dieses Zimmer mehr als eine Tonne, so wird es Euch wohl begreiflich sein, dass die Luft ein ganz gewichtiger Körper ist. Ich will noch ein anderes Experiment zeigen, um Euch ihre Widerstandsfähigkeit darzutun. Die Knallbüchse kennt wohl jeder, die man so leicht aus einem Federkiel oder irgendeiner ähnlichen Röhre herstellen kann; aus einem Kartoffel- oder Apfelscheibchen wird mit dem Kiel selbst ein Pfropfen ausgestochen und an das andere Ende hingeschoben, wie ich es hier mache, sodass der Ausgang dicht verschlossen wird; nun steche ich ein zweites Stückchen aus und schiebe es hinein; jetzt ist also die Luft im Innern der Röhre vollständig eingeschlossen, ganz wie wir's zu unserm Zweck gebrauchen. Nun aber zeigt es sich, dass keine Kraft imstande ist, dieses zweite Pfröpfchen vollständig auf das erste aufzutreiben; das ist eine völlige Unmöglichkeit. Bis zu einem gewissen Grad lässt sich die Luft wohl zusammenpressen, doch lange vor der Berührung der beiden Pfropfen wird die eingezwängte Luft den vorderen Pfropfen mit einem Knall hinaustreiben; die Wirkung ist hier ähnlich wie beim Schießpulver, dessen Kraft zum Teil von denselben Umständen abhängig ist, welche Ihr hier erläutert seht.

Neulich sah ich einem Versuch zu, der mir sehr gefiel und den ich gleich für unsern Zweck zu benutzen gedachte. Freilich, um des Erfolges sicher zu sein, hätte ich ein paar Minuten schweigen sollen, ehe ich mich an die Ausführung mache; denn die Lungen müssen bei diesem Experiment das meiste tun. Es handelt sich darum, dieses Ei durch meinen Atem aus dem einen Eierbecher in den andern zu treiben; ich bin allerdings des Erfolges nicht ganz sicher, weil ich jetzt schon zu viel gesprochen habe, und wenn mir's nicht gelingt, so hat das also seinen guten Grund.

[Der Vortragende macht den Versuch, und es glückt ihm, das Ei aus dem einen Becher in den andern hinüber zu blasen.]

Ihr seht, die Luft dringt zwischen dem Ei und der Becherwand abwärts, sie übt auf das Ei von unten einen Druck aus, welcher das Ei zu heben imstande ist, obwohl ein ganzes Ei doch im Verhältnis zur Luft sehr schwer ist. Wenn Ihr den Versuch nachmachen wollt, so tut Ihr gut, das Ei vorher hart zu kochen; dann könnt Ihr es ruhig versuchen, es von einem Becher in den andern hinüber zu blasen, und bei einiger Vorsicht wird es Euch auch gelingen.

Doch genug für jetzt von dem Druck und dem Gewichte der Luft, um noch eine andere wichtige Eigenschaft an ihr kennenzulernen. Ihr saht soeben bei der Knallbüchse, wie ich den zweiten Pfropfen ½ bis ¾ Zoll weit hineintreiben konnte, ehe der vordere hinausflog, dass also die eingeschlossene Luft bis zu einem gewissen Punkte dem Druck nachgab; ebenso saht Ihr, wie sich die Luft in der kupfernen Flasche mittelst der Pumpe so bedeutend zusammenpressen ließ. Nun, das hängt von einer wunderbaren Eigenschaft der Luft ab, nämlich von ihrer Elastizität. Ich werde Euch diese Eigenschaft der Luft möglichst gut zu veranschaulichen suchen. Eine Blase aus Gummihaut, wie ich sie hier habe, eignet sich vortrefflich dazu. Sie ist luftdicht, d.h. sie lässt weder Luft ein- noch austreten; aber sie kann sich ausdehnen und wieder zusammenziehen, sodass sie der darin eingeschlossenen Luft in jeder Weise nachgibt, und daher gleichsam als Maßstab ihrer Elastizität dienen kann. Ihr seht, die jetzt schlaffe Blase enthält nur wenig Luft. Ich binde sie fest zu, bringe sie unter die Glocke der Luftpumpe und pumpe aus dieser die Luft heraus, hebe also den Druck der letzteren auf die in der Blase befindliche Luft auf. Seht, wie sie jetzt fort und fort sich ausdehnt, weiter und immer weiter, bis sie nun den ganzen Innenraum der Glocke ausgefüllt hat, und lasse ich nun die Luft wieder in die Glasglocke eindringen, seht da, so geht auch die Luft in der Blase wieder auf ihren ursprünglichen

Umfang zurück. Dies zeigt uns deutlich die wunderbare Eigenschaft der Luft, welche man Elastizität nennt. Vermöge derselben ist sie in so hohem Grade befähigt, sich zusammendrücken zu lassen und sich auszudehnen, und gerade hierdurch ist sie ganz besonders zu ihrer wichtigen Rolle im Haushalte der Natur geeignet.

Wir gelangen nunmehr zu einem anderen, und zwar sehr wichtigen Teil unseres Themas. Erinnern wir uns, was wir bereits an unserer brennenden Kerze erforscht haben. Wir sahen, dass sie beim Brennen verschiedene Stoffe entstehen lässt, und fanden Kohle in Gestalt von Ruß[19], Wasser und etwas anderes, was wir noch nicht untersucht haben. Das Wasser fingen wir auf, die übrigen Verbrennungsprodukte ließen wir bisher ungehindert in die Luft entweichen. Diese nun müssen wir jetzt unserer Forschung unterwerfen.

Fig. 29

19 Bei unvollständiger Verbrennung.

Hier habe ich eine Vorrichtung, die uns bei unserer Untersuchung die nötigen Dienste leisten wird.

Kohlensäure als Verbrennungsprodukt der Kerze

Unsere Kerzen setzen wir mitten auf diesen Steg und darüber diesen gläsernen Schornstein – so! Die Kerze wird ganz hübsch weiter brennen; denn die Luft hat ja unten und oben ungehinderten Durchgang. Zunächst seht Ihr wieder die uns schon bekannte Erscheinung, dass die Wandung des Glases feucht wird – es ist das Wasser, zu welchem sich der in der Kerzenflamme entwickelte Wasserstoff mit dem Sauerstoff der Luft verbindet; außerdem aber steigt noch etwas anderes oben heraus: das ist keine Feuchtigkeit, kein Wasser, es ist nicht verdichtbar; und es hat zudem sehr merkwürdige Eigenschaften. Ich will eine Flamme an die Öffnung des Schornsteins halten, und Ihr könnt sehen, dass sie von der austretenden Luft fast verlöscht wird, und wenn ich sie vollständig dem Strom aussetze, seht – da geht sie ganz und gar aus. Ihr werdet sagen: das ist so, wie es sein muss; und ich vermute, Ihr denkt Euch, es müsse so sein, weil von der Luft, welche zur Verbrennung gedient hat, nur Stickstoff übrig bleibt und Stickstoff die Verbrennung nicht unterhält, also den Span auslöschen muss. Gut; aber sollte nicht noch etwas anderes als Stickstoff vorhanden sein? Hier muss ich freilich etwas vorgreifen – das heißt, ich muss Euch aus meinen weiteren Kenntnissen die Mittel darbieten, mit deren Hilfe Aufgaben wie diese gelöst, und dergleichen Gase, wie wir hier haben, untersucht werden können. Also – ich nehme eine leere Flasche, halte sie verkehrt über unsern Schornstein und fange die Verbrennungsprodukte der Kerze darin auf; und wir werden uns bald überzeugen, dass die aufgefangene Luftart nicht nur der Verbrennung sehr ungünstig ist – seht, wie mein Wachsstock darin sogleich verlöscht – sondern dass sie noch ganz andere Eigenschaften besitzt.

Kalkwasser

Ich nehme hier ein wenig ungelöschten Kalk und gieße etwas gewöhnliches Wasser darauf, rühre ein paarmal um, bringe nun die Mischung auf dieses Papierfilter in dem Trichter, und nicht lange dauert's, so läuft davon ein ganz klares Wasser in das unterstehende Fläschchen ab, wie Ihr's da seht. Ich habe zwar dort eine ganze Flasche von diesem Wasser – Kalkwasser – vorrätig stehen, das ich ebenso gut benutzen könnte; aber Ihr wisst ja, ich habe eine Vorliebe dafür, meine Untersuchungen mit Dingen anzustellen, die vor Euren Augen entstanden sind. Von diesem schön klaren Kalkwasser nun gieße ich ein wenig in die Flasche, in der wir die Luft von unserer Kerze aufgefangen haben, und nun seht, welche Veränderung darin vorgeht! Seht Ihr, wie das Kalkwasser ganz milchig geworden ist! Passt auf, ich werde Euch zeigen, dass das mit bloßer Luft nicht geschieht. Hier ist eine Flasche, in der sich, wie Ihr seht, weiter nichts als atmosphärische Luft befindet; ich gieße etwas Kalkwasser hinein und schüttle tüchtig um es bleibt ganz klar; weder der Sauerstoff, noch der Stickstoff der Luft, noch was sonst in dieser Menge Luft enthalten sein mag, bringt jene Veränderung in dem Kalkwasser hervor. Dieselbe Flasche mit demselben Kalkwasser halte ich nun aber so an den Schornstein, dass die Verbrennungsgase der Kerze hineinstreichen und mit dem Kalkwasser in Berührung kommen können – seht, es dauert gar nicht lange, so ist's milchig geworden. Diese weiße Substanz nun kann sich aus nichts anderem gebildet haben, als aus dem zum Kalkwasser verwendeten Kalk und etwas anderem, was von der Kerze kommt – jenem zweiten Verbrennungsprodukt, dessen Natur wir eben zu erforschen bemüht sind und von welchem ich heute zu Euch sprechen will. Bis jetzt also wissen wir von seinem Vorhandensein nur durch seine Wirkung auf das Kalkwasser, die für uns ganz neu war und die, wie wir gesehen haben, weder dem Sauerstoff, noch dem Stickstoff, noch auch dem

Wasser zuzuschreiben ist. Dieses weiße Pulver, welches aus Kalkwasser und den Verbrennungsgasen der Kerze entsteht, hat anscheinend ganz die Eigenschaften der Kreide; und wenn man es näher untersucht, so findet man, dass es wirklich genau derselbe Stoff ist wie die Kreide. So sind wir denn in unserm Bestreben, den Vorgang bei einer so alltäglichen Erscheinung wie das Brennen einer Kerze kennenzulernen, ganz unversehens Zeuge davon geworden, wie Kreide entsteht und haben durch sorgfältige Beobachtung aller Umstände bei unserem Experiment die Bedingungen ihrer Entstehung kennengelernt. Wenn man Kreide (am besten ein wenig feucht) stark erhitzt, so verwandelt sie sich in gebrannten Kalk; es muss also der andere Bestandteil, den sie außer dem Kalk enthält, dabei entweichen, und in der Tat ist dieses der Fall. Beim Brennen von Kreide oder Kalk entweicht dasselbe Gas, welches bei der Verbrennung einer Kerze entsteht und durch seine Verbindung mit dem Kalk wiederum Kreide gibt.

Um dieses Gas, welches wir Kohlensäure nennen, in größerer Menge darzustellen und seine Eigenschaften näher kennenzulernen, bedienen wir uns freilich eines bequemeren Verfahrens. Die Kohlensäure findet sich in großer Menge in der Natur, und zwar in vielen Fällen, wo Ihr sie am wenigsten suchen würdet. Aller Kalkstein besteht zum großen Teil aus demselben Gas, wie wir es hicr aus der Kerze haben sich entwickeln sehen; alle Kalk- und Kreidegebirge, alle Muschelschalen, Korallen und dergl. enthalten große Mengen Kohlensäure. Wir finden diese merkwürdige Luftart in so festen Gesteinsarten wie Marmor und Kalk mit fest geworden, sie hat ihre luftige Natur darin aufgegeben und völlig die Eigenschaften eines festen Körpers angenommen – deshalb hat sie Black auch „fixe Luft" genannt[20].

Kohlensäure

20 Fix kommt aus dem Lateinischen und bedeutet fest.

Aus dem Marmor können wir die Kohlensäure ganz leicht darstellen. In dem Gefäß hier habe ich etwas Salzsäure, und darüber steht, wie Euch mein Wachslicht anzeigt, nichts als atmosphärische Luft; seht, ich gehe mit dem Licht bis auf den Grund hinab – das Gefäß enthält über der Salzsäure nichts als Luft. Hier habe ich Marmor, und zwar von der schönsten und feinsten Sorte, wovon ich nun etliche Stückchen in das Gefäß bringe – sofort entsteht anscheinend ein gewaltiges Aufkochen. Aber was da aufsteigt, ist nicht etwa Wasserdampf, sondern ein Gas, das auf mein hineingehaltenes Wachslicht, wie Ihr seht, genau dieselbe Einwirkung ausübt, wie vorher die aus dem Schornstein über unsrer Kerze entweichende Luft – die Flamme verlöscht, und wir haben hier wie dort genau dieselbe Erscheinung, bewirkt durch ein und dasselbe Gas, durch die Kohlensäure. Auf diese Weise können wir Kohlensäure in großer Masse darstellen; seht – jetzt schon ist das Gefäß bis obenan damit gefüllt. (Dies wird dadurch bewiesen, dass der brennende Span verlöscht, sobald er nur eben in das Gefäß eingetaucht wird.)

Das Gas ist aber keineswegs nur im Marmor enthalten. In dieses Gefäß da habe ich etwas gewöhnliche Schlemmkreide getan – also Kreide, die durch Auswaschen mit Wasser von groben Teilchen befreit ist, wodurch sie zu Stuckatur und dergleichen Arbeiten brauchbarer wird. In dem großen Gefäß befindet sich Schlemmkreide mit Wasser, und in diesen: hier habe ich konzentrierte Schwefelsäure, die zu dem Experiment, das wir jetzt Vorhaben, geeignet ist; nur mit Schwefelsäure nämlich bildet der Kalk beim Freiwerden der Kohlensäure wieder einen unlöslichen Körper, während die Salzsäure, wie Ihr vorhin gesehen, eine lösliche Substanz liefert, die das Wasser gar nicht trübt. Ihr werdet gleich sehen, warum ich meine Vorrichtung zu dem beabsichtigten Experiment in dieser Weise treffe – nämlich, damit Ihr im kleinen leicht nachmachen könnt, was ich Euch hier in großem Maßstab zeigen werde. Wir haben hier wieder ganz denselben Prozess, wie bei der Einwirkung von Salzsäure auf Marmor; ich entwickle in dem großen Gefäß hier die Kohlensäure, und sie zeigt sich gegen alle Prüfungsmittel als ganz dasselbe Gas, welches wir bei Verbrennung der Kerze in freier Luft erhielten. So verschieden auch diese beiden Methoden der Darstellung erscheinen mögen – das Ergebnis ist ganz dasselbe, hier wie dort wird ein und dieselbe Kohlensäure gewonnen.

Gehen wir indes zu weiteren Versuchen mit unserem Gas über, um seine Natur näher kennenzulernen. [Einige Zylinder sind inzwischen über Wasser mit dem Gase gefüllt worden.] Hier habe ich ein Gefäß voll Kohlensäure, und wie wir's bei den früher untersuchten Gasarten getan, so will ich auch bei ihr zunächst fragen, wie sie sich in Bezug auf die Verbrennung verhält. Brennbar, seht Ihr, ist sie nicht und ebenso wenig unterhält sie die Verbrennung. [Ein brennender Wachsstock, der in das Gas getaucht wird, verlöscht, und das Gas bleibt unentzündet.]

Sehr löslich im Wasser kann sie auch nicht sein; denn wir haben sie ja dort ganz leicht über Wasser aufgefangen. Ferner haben wir schon gesehen, wie sie auf Kalkwasser einwirkt, wie sie damit Kreide bildet; sie wird ein Bestandteil dieser Kreide, welche man eben wegen ihrer Zusammensetzung aus Kohlensäure und Kalk – ebenso wie Marmor, Kalkstein, Korallen etc. – auch als kohlensauren Kalk bezeichnet.

Zunächst aber muss ich Euch nun zeigen, dass sie sich doch in geringer Menge in Wasser löst, in dieser Beziehung also sich von Sauerstoff und von Wasserstoff unterscheidet. Hier habe ich einen Apparat, mit dessen Hilfe wir die Lösung bewerkstelligen können. Im unteren Teil des Apparats befindet sich der Marmor und die Säure, im oberen kaltes Wasser, und wie Ihr seht, sind beide so miteinander verbunden, dass das entwickelte Gas aus dem einen in den andern gelangen kann; setze ich ihn nun in Tätigkeit, so seht Ihr sofort das Gas in Blasen durch das Wasser hindurchstreichen; das geschah schon vorher eine Zeit lang, und wir werden jetzt finden, dass sich etwas davon im Wasser aufgelöst hat. Ich nehme etwas Wasser heraus und koste es – es schmeckt säuerlich, es ist mit Kohlensäure gesättigt; aber Ihr wisst, wie wir die Gegenwart von Kohlensäure chemisch Nachweisen, Ihr wisst, dass Kalkwasser ein sicheres Erkennungsmittel für Kohlensäure ist – ich will also etwas hinzusetzen, und seht, sofort wird es trüb und weiß.

Ferner habe ich von der Kohlensäure zu berichten, dass sie ein schweres Gas ist, schwerer als die atmosphärische Luft. Zur Vergleichung schreibe ich die Gewichte aller bisher von uns untersuchten Gase hier auf:

1 Kubikmeter	wiegt
Wasserstoff	89 Gramm
Sauerstoff	1430 „
Stickstoff	1250 „
Atmosphärische Luft	1293 „
Kohlensäure	1965 „

Also ein Kubikmeter Kohlensäure wiegt fast zwei Kilogramm. Diese Schwere des Gases kann durch viele Experimente ersichtlich gemacht werden. Hier nehme ich z.B. ein Glas, das nichts als Luft enthält, und versuche, aus dem da, das voll Kohlensäure ist, etwas hineinzugießen: Ich bin nun begierig, ob etwas hineingeflossen ist oder nicht. Durch den Augenschein ist das nicht zu erkennen, wohl aber am Brennen meines Wachsstockes

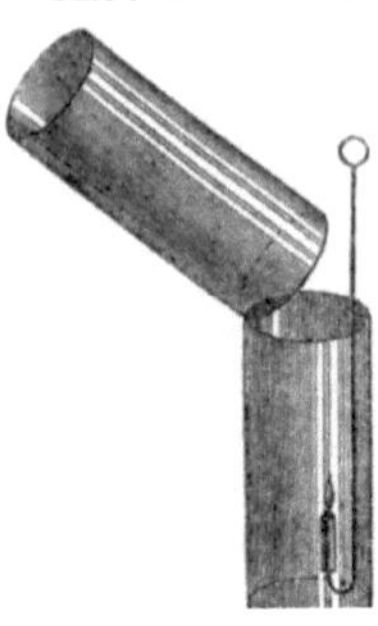

Fig. 30

darin. Seht, da habt Ihr's: die Flamme verlöscht, sobald ich das Gas in das tiefere Gefäß hineingieße. Noch deutlicher würde ich die Kohlensäure hier wiederum durch ihre Wirkung auf Kalkwasser Nachweisen, die Ihr nun schon so oft gesehen habt. Jetzt werde ich einmal den kleinen Eimer da in unsern Kohlensäure-Brunnen hinab lassen – leider haben wir nur zu oft wirkliche Kohlensäurebrunnen – und wenn Kohlensäure da unten ist, muss er sich damit füllen, als ob es Wasser wäre; wir ziehen ihn wieder herauf, prüfen seinen Inhalt mit unserm Wachsstock, und da sehen wir's – er ist voll Kohlensäure.

Noch augenfälliger zeigt sich die Schwere der Kohlensäure an folgendem Experiment auf meiner Waage. Auf die eine Waagschale habe ich ein Glas gestellt und durch Gewichte auf der andern Seite die Waage wieder ins Gleichgewicht gebracht. Ich gieße nun dieses mit Kohlensäure gefüllte Glas in das Gefäß auf der Waage aus, das erst nur atmosphärische Luft enthielt, und Ihr seht, wie es sofort niedersinkt. Auch jetzt will ich die Untersuchung mit meinem brennenden Wachsstock nicht unterlassen – wir sehen, wie ihm das Fortbrennen in dem Gefäß auf der Waage unmöglich wird, wissen also, dass sich wirklich Kohlensäure darin befindet.

Fig. 31

Blase ich eine Seifenblase, natürlich mit gewöhnlicher Luft, und lasse sie in dieses Gefäß mit Kohlensäure fallen, so wird sie schwimmen. Aber ich will zuerst einen dieser kleinen, mit Luft gefüllten Ballons nehmen. Ich bringe ihn in dieses, zum Teil mit Kohlensäure gefüllte Gefäß. Er schwimmt auf der Kohlensäure, und wir können daran die Höhe erkennen, bis zu welcher sie das Gefäß erfüllt. Gieße ich noch mehr Kohlensäure hinein, so wird der Ballon gehoben. Jetzt ist das Gefäß nahezu voll davon; und nun will ich sehen, ob ich eine Seifenblase darauf blasen und sie in derselben Weise schwimmen lassen kann. [Der Vortragende bläst eine Seifenblase, lässt sie in das Gefäß mit Kohlensäure fallen, und sie schwimmt richtig mitten darin.] Sie schwimmt wie vorher der Ballon, weil die Kohlensäure schwerer ist als die Luft.

Wir haben nun die Kohlensäure kennengelernt, sowohl hinsichtlich ihrer Bildung aus der Kerze oder dem Marmor, als in ihren wichtigsten physikalischen Eigenschaften, besonders in ihrer Schwere; und bei unsrer nächsten Zusammenkunft denke ich Euch zu zeigen, wie sie zusammengesetzt ist, d.h. aus welchen Elementen sie besteht.

*

Sechste Vorlesung

Chemische Zusammensetzung der Kohlensäure. Ihre Bildung durch Verbrennung von Kohlenstoff. Mengenverhältnis der Bestandteile. Zerlegung der Kohlensäure in ihre Elemente. Bildung von Kohlensäure durch Verbrennung des Holzes und des Leuchtgases. Feste und gasförmige Verbrennungsprodukte der Körper. – Der Atmungsprozess. Kohlenstoffgehalt der Nahrungsmittel. Die Körperwärme. Wechselwirkung zwischen der Tier- und Pflanzenwelt. – Einfluss der Temperatur auf den Eintritt chemischer Prozesse.

*

Eine Dame, welche diese Vorträge mit ihrer Gegenwart beehrt, hat mich noch weiter durch Übersendung dieser beiden Kerzen zu Dank verpflichtet. Sie stammen aus Japan und sind vermutlich aus jenem Material verfertigt, das ich Euch schon in der ersten Vorlesung zeigte, dem sogenannten Japanischen Wachs. Ihr seht, sie sind noch viel zierlicher gestaltet und ausgeschmückt als jene französischen Kerzen, die ich ebenfalls damals verwies, und ihrem ganzen äußeren Aussehen nach mochte man sie wahre Luxuskerzen nennen. Außerdem aber zeigen sie eine merkwürdige Eigentümlichkeit, nämlich einen hohlen Docht – jene vorzügliche Verbesserung also, welche Argand an der Lampe einführte und durch welche er ihren Wert so bedeutend erhöhte. Wer schon öfter Sendungen aus dem Fernen Osten erhielt, wird wohl bemerkt haben, dass solche Gegenstände auf dem langen Transport ein mattes, unscheinbares Aussehen bekommen haben; es ist aber ganz leicht, ihnen die ursprüngliche Schönheit und das frische Äußere wiederzugeben; man braucht sie zu diesem Zweck nur mit einem reinen seidenen Tuch gut abzureiben, also die Unebenheiten und Rauigkeiten ihrer Oberfläche gleichsam zu polieren. Eine dieser beiden Kerzen habe ich so behandelt und Ihr werdet den Unterschied von der andern nicht polierten bemerken, die ich natürlich ebenso auffrischen könnte. Außerdem ist an diesen japanischen Kerzen noch die Eigentümlichkeit hervorzuheben, dass sie viel mehr kegelförmig gegossen sind, als es bei uns üblich ist.

In meinem letzten Vortrag habe ich Euch bereits viel von der Kohlensäure erzählt. Ich habe Euch besonders ihre Reaktion auf Kalkwasser vorgeführt, dessen Bereitung ich Euch zeigte, sodass Ihr es selbst machen könnt; und Ihr erinnert Euch, wie die in einer Flasche aufgefangene Luft aus unserer Kerze in dem Kalkwasser einen weißen Niederschlag hervorbrachte, dass ferner dieser Niederschlag aus demselben Kalk bestand, der sich in den Muscheln, Korallen, wie in vielen Gebirgsarten und Mineralien findet. Von ihrer eigentlichen chemischen Natur indes habe ich noch nicht ausführlich und eingehend genug gesprochen, und ich muss deshalb dieses Thema heute wieder aufnehmen.

Wie wir bei Untersuchung der Verbrennungsprodukte unserer Kerze bereits das aufgefundene Wasser in seine Elemente zerlegten, so müssen wir jetzt auch die aus der Kerze entwickelte Kohlensäure auf ihre Bestandteile prüfen, und einige Experimente werden uns auch hier zum Ziele führen.

Ihr erinnert Euch, dass eine schlecht brennende Kerze Ruß entwickelt, während bei einer gut brennenden davon nichts zu sehen ist; Ihr wisst aber auch, dass die Helligkeit der Kerzenflamme gerade diesem Ruße zu verdanken ist, welcher zunächst ins Glühen kommt und schließlich verbrennt. Hier habe ich ein Experiment vorbereitet, an dem es sich recht deutlich; zeigt, wie hell leuchtend die Flamme wird, wenn alle Kohlenteilchen innerhalb derselben zum Erglühen und Verbrennen gelangen, sodass dabei durchaus nichts von schwarzen Flöckchen zu sehen ist. Ich entzünde einen ungemein lebhaft brennenden Stoff, Terpentinöl nämlich, mit dem dieser Schwamm getränkt ist. Seht den aufsteigenden Ruß, wie er massenhaft in der Luft herumfliegt! Und nun denkt daran, dass ich Euch sagte: Von solchem Ruß, solcher Kohle, entsteht die Kohlensäure, wie wir sie aus der Kerze erhielten. Das nun will ich Euch jetzt beweisen. Ich bringe den Schwamm mit dem brennenden Terpentinöl in ein Glas voll Sauerstoff, und da seht Ihr denn, wie prächtig jetzt die Flamme leuchtet und dass aller Ruß vollständig verzehrt wird. Dies ist aber erst die eine Hälfte unseres Experiments. Was folgt nun?

Die Kohle, welche Ihr soeben aus der Terpentinflamme in die Luft fliegen saht, ist also völlig im Sauerstoff verbrannt, und wir werden finden, dass wir bei diesem raschen ungestümen Vorgange ganz genau dasselbe Ergebnis erlangten, welches uns die ruhige Verbrennung unserer Kerze lieferte. [In die Flasche, in welcher das Terpentinöl mit Sauerstoff verbrannte, wird Kalkwasser gegossen, welches beim Umschütteln stark getrübt wird.] Ich habe Euch dieses Experiment gezeigt, obwohl sein Erfolg eigentlich vorauszusehen war, damit Euch der Gang unserer Untersuchungen bei jedem Schritt so klar und deutlich werde, dass Ihr keinen Augenblick den Faden verlieren könnt, wenn Ihr nur recht Achtung gebt.

Alle Kohle also, die in der Luft oder in reinem Sauerstoff verbrennt, tritt als Kohlensäure aus der Flamme heraus; in den Teilchen dagegen, welche nicht so verbrannt sind, stellt sich Euch der zweite Bestandteil der Kohlensäure dar, nämlich Kohle, jener Körper, welcher die Flamme so hell machte, als sie genug Sauerstoff zum Verbrennen erhielt, welcher aber teilweise ausgeschieden wurde, als nicht genug Sauerstoff vorhanden war, um ihn zu verbrennen.

Um Euch nun diese Vereinigung der Kohle und des Sauerstoffs zu Kohlensäure noch verständlicher zumachen, wozu Ihr jetzt schon viel besser befähigt seid als früher, habe ich hier einige Experimente vorbereitet. Dieses Gefäß hier ist mit Sauerstoff gefüllt, und hier ist etwas Kohle, die ich in einem Schmelztiegel zunächst rot glühend mache. Ich will gleich voraus bemerken, dass ich Euch diesmal ein etwas unvollkommenes Resultat zu bieten wage; aber es geschieht gerade, um das Experiment deutlicher zu machen. Ich bringe jetzt Sauerstoff und Kohle zusammen. Dass dies Kohle, gewöhnliche pulverisierte Holzkohle ist, könnt Ihr an der Art sehen, wie sie an der Luft brennt. [Indem er etwas von der rot glühenden Holzkohle aus dem Tiegel herausfallen lässt.] Nun werde ich sie aber in Sauerstoff verbrennen; achtet auf den Unterschied! In der Entfernung mag es Euch vielleicht scheinen, als ob sie mit einer Flamme brenne; dem ist aber nicht so. Jedes einzelne Stückchen Kohle brennt als ein Funke, und indem es so brennt, bildet es Kohlensäure. Ich wünschte diese paar Experimente besonders auch deshalb anzustellen, weil sie das recht deutlich vor Augen führen, worauf ich später näher eingehen werde, nämlich: dass Kohle eben in d i e s e r Weise brennt und nicht mit einer Flamme.

Statt aber so viele einzelne Kohlenstäubchen zu verbrennen, will ich nun lieber ein größeres Stück Kohle benutzen, dessen Gestalt und Umfang Ihr während des Brennens deutlich unterscheiden könnt. Ihr werdet dann auch den ganzen Vorgang besser beobachten.

Hier ist das Gefäß mit Sauerstoff, und hier ist ein Stück Kohle, an das ich einen Holzspan befestigt habe; diesen kann ich anzünden und so die Verbrennung einleiten, welche sich sonst nur schwierig bewerkstelligen ließe. Da seht Ihr nun die Kohle brennen, aber nicht mit einer Flamme (oder wenn Ihr doch ein Flämmchen bemerkt, so ist es jedenfalls nur ein ganz kleines; es rührt davon her, dass bei der Verbrennung sich vorübergehend eine eigene Substanz, sogenanntes Kohlenoxid an der Oberfläche der Kohle bildet). Die Verbrennung geht diesmal langsam vor sich, wie Ihr seht, und nach und nach entwickelt sich Kohlensäure durch die Verbindung der Kohle mit dem Sauerstoff. Hier habe ich ein anderes Stück Kohle, und zwar Borkenkohle, welches die Eigentümlichkeit besitzt, beim Brennen in Stücke zu zerspringen, zu explodieren. Durch die Hitze wird dieser Kohlenklumpen in einzelne Teilchen zerplatzen, die in die Luft fliegen; indes brennt jedes Teilchen ebenso wie die ganze Masse in dieser eigentümlichen Art – es brennt wie eben Kohle brennt, ohne Flamme. Ihr bemerkt, dass eine Menge einzelner kleiner Verbrennungen vor sich gehen, seht aber keine Flammen. Ich kenne kein schöneres Experiment als dieses, um zu zeigen, dass die Kohle nur glimmend brennt.

Hier also sehen wir Kohlensäure aus ihren Elementen entstehen. Wenn wir sie mit Kalkwasser prüfen, so werdet Ihr sehen, dass wir ganz denselben Körper erhalten, den ich Euch bereits früher beschrieben habe. Wenn sich 6 Gewichtsteile Kohle (mag sie von der Flamme einer Kerze oder von pulverisierter Holzkohle herstammen) und 16 Gewichtsteile Sauerstoff verbinden, so erhalten wir 22 Teile Kohlensäure; und 22 Teile Kohlensäure geben mit 28 Teilen Kalk 50 Teile kohlensauren Kalk. Wenn Ihr Austernschalen untersucht und ihre Bestandteile wägt, so werdet Ihr finden, dass je 50 Teile davon 6 Teile Kohle und 16 Teile Sauerstoff verbunden mit 28 Teilen Kalk enthalten. Indessen will ich Euch nicht mit solchen Einzelheiten

Zerlegung der Kohlensäure

behelligen; wir wollen uns vielmehr an die Natur unseres Gegenstandes im Allgemeinen halten. Seht, wie die Kohle nach und nach schwindet [der Vortragende zeigt auf das Stück Kohle, das in dem Gefäß mit Sauerstoff ruhig fortbrennt]. Ihr mögt sagen, dass sich die Kohle in der umgebenden Luft auflöst; und wenn das ganz reine Kohle wäre (die wir übrigens leicht herstellen könnten), so würde auch gar kein Rückstand übrig bleiben; vollkommen reine Kohle lässt keine Asche zurück.

Die Kohle ist ein fester Körper, dessen Festigkeit durch Hitze allein nicht aufgehoben werden kann; aber beim Verbrennen geht sie in ein Gas über, welches sich unter gewöhnlichen Umständen nicht zu einem festen oder flüssigen Körper verdichten lässt. Und noch wunderbarer mag der Umstand erscheinen, dass durch diese Aufnahme der Kohle der Sauerstoff durchaus nichts an seinem Rauminhalt ändert: er verwandelt sich in Kohlensäure, und diese nimmt genau denselben Raum ein, wie der Sauerstoff, welcher zu ihrer Bildung erforderlich war.

Ich muss Euch indes noch ein anderes Experiment zeigen, um Euch hinreichend mit der Natur der Kohlensäure bekannt zu machen. Da sie ein zusammengesetzter Körper ist, indem sie aus Kohle und Sauerstoff besteht, so müssen wir auch imstande sein, sie in ihre Bestandteile zu zerlegen; und das können wir auch in der Tat bei ihr so gut wie beim Wasser. Der einfachste und kürzeste Weg ist der, einen Körper auf die Kohlensäure einwirken zu lassen, welcher den Sauerstoff aus ihr an sich zieht und die Kohle zurücklässt. Ihr erinnert Euch, wie ich Kalium auf Wasser oder Eis legte, und Ihr saht, dass es imstande war, den Sauerstoff vom Wasserstoff zu trennen. Nun, versuchen wir einmal dasselbe bei der Kohlensäure. Ihr wisst, die Kohlensäure ist ein schweres Gas, ich will sie nicht mit Kalkwasser prüfen, weil sich das mit den folgenden Experimenten nicht vertragen würde, und ich denke, die Schwere des Gases und seine Kraft, Flammen auszulöschen, wird Euch seine Gegenwart hinlänglich beweisen. Ich bringe eine Flamme in das Gas, und Ihr seht, das Licht geht aus. Vielleicht möchte das Gas sogar Phosphor auslöschen, von dem Ihr doch wisst, dass er sehr heftig brennt. Hier ist ein Stückchen Phosphor, das ich durch Erhitzen entzünde. Ich bringe es in das Gas und Ihr seht, es löscht aus, wird aber in der Luft wieder Feuer fangen und von Neuem weiter brennen. Das Kalium nun ist imstande, schon bei gewöhnlicher Temperatur auf die Kohlensäure zu wirken, freilich nicht so kräftig, wie es unser augenblicklicher Zweck erfordert, da sich bald eine umhüllende Schicht darüber bildet, welche das Fortschreiten des Prozesses erschwert. Wenn wir es aber so erwärmen, dass es in der Luft brennt, wozu wir ja das volle Recht haben und wie wir's auch mit dem Phosphor taten, so werdet Ihr sehen, dass es auch in Kohlensäure brennen kann; und wenn es brennt, so tut es dies eben, weil es sich mit dem Sauerstoff der Kohlensäure verbindet, sodass Ihr dann sehen werdet, was dabei zurückbleibt. Ich werde also dieses heiß gemachte Kalium in der Kohlensäure verbrennen, um das Vorhandensein des Sauerstoffs in der Kohlensäure nachzuweisen. [Beim Erhitzen explodiert das Kalium.] Es kommt öfter vor, dass ein schlechtes Stückchen Kalium beim Brennen explodiert oder sich auf irgendeine Weise ungeeignet zeigt. Ich muss also ein anderes Stück nehmen; nun, nachdem es erhitzt ist, bringe ich es in das Gefäß und Ihr seht, dass es in der Kohlensäure brennt – nicht so gut wie in der Luft, weil die Kohlensäure den Sauerstoff ziemlich festhält; aber es brennt doch weiter und nimmt den Sauerstoff fort. Wenn ich dieses Kalium nun in Wasser bringe, so finde ich, dass (außer Pottasche, um die Ihr Euch jetzt nicht zu kümmern braucht) etwas Kohle gebildet ist. Ich habe hier das Experiment nur auf rohe Art ausführen können; aber ich versichere Euch, dass, wenn ich es sorgfältig machen und statt fünf Minuten einen Tag darauf verwenden könnte, wir eine gehörige Menge Kohle in dem Löffel oder an der Stelle, wo das Kalium verbrannte, erhalten würden, sodass über das Ergebnis unseres Experiments kein Zweifel obwalten könnte. Da seht Ihr also die Kohle in ihrem gewöhnlichen schwarzen Zustande aus der Kohlensäure abgeschieden, als sprechenden Beweis, dass diese aus Kohle und Sauerstoff besteht. Und nun brauche ich Euch wohl kaum zu sagen, dass, wo auch immer Kohle unter gewöhnlichen Umständen, d.h. bei gehörigem Luftzutritt verbrennen mag, immer Kohlensäure gebildet wird.

Feste Verbrennungsprodukte

In der Flasche hier ist etwas Kalkwasser und sonst nichts als atmosphärische Luft; bringe ich dahinein einen Holzspan, so mag ich diese drei Dinge miteinander umschütteln wie ich will, das Wasser wird stets so klar bleiben, wie Ihr es jetzt seht. Verbrenne ich nun aber den Holzspan in der Flasche, wie ich es jetzt tue, also in der über dem Kalkwasser befindlichen Luft – dass Wasser dabei gebildet wird, wisst Ihr schon – bekomme ich da vielleicht auch Kohlensäure? Nun, da seht: da schlägt sich schon kohlensaurer Kalk nieder, welcher sich nur aus Kohlensäure bilden kann; die Kohlensäure muss also aus der Kohle entstanden sein, welche aus dem Holze stammt, wie in anderen Fällen aus der Kerze oder irgendeinem brennenden Körper. Ihr selbst habt schon oft genug ein sehr einfaches Experiment ausgeführt, durch welches Ihr die Kohle im Holze zu sehen bekamt; wenn Ihr ein Stückchen Holz anzündet, es teilweise verbrennen lasst und es dann ausblast, so erhaltet Ihr Kohle, welche zurückbleibt. Nicht alle kohlehaltigen Körper indes zeigen ihren Gehalt an Kohle so leicht; eine Kerze z.B. tut das nicht, von der wir doch recht gut wissen, dass sie Kohle enthält. Auch im Leuchtgas, das beim Verbrennen sehr viel Kohlensäure entwickelt, seht Ihr nichts von der Kohle; aber ich kann sie Euch ganz leicht sichtbar machen. Hier habe ich eine Flasche voll Leuchtgas; ich zünde es an, und die Verbrennung wird andauern, solange noch etwas Gas in dem Gefäß ist. Die Kohle freilich seht Ihr jetzt nicht, sondern nur die Flamme; aber schon aus deren hellerem Leuchten werdet Ihr nach den früher gewonnenen Erfahrungen vermuten, dass feste Kohlenteilchen darin zum Erglühen und Verbrennen gelangen. Indes will ich Euch die Kohle mithilfe eines anderen Prozesses wirklich mit Augen schauen lassen. In einer anderen Flasche – in dieser hier – habe ich etwas von demselben Leuchtgas mit einem Körper vermischt, der bloß den Wasserstoff des Gases verbrennen wird, nicht aber die Kohle[21].

Ich will diese Mischung nun mit meinem Wachslicht anzünden, und da habt Ihr's; der Wasserstoff wird verbrannt, die Kohle aber bleibt als ein dichter schwarzer Rauch zurück. Ich denke, durch diese Experimente habt Ihr die Gegenwart von Kohle in einer Flamme erkennen gelernt und zugleich begriffen, welcher Art die Verbrennungsprodukte sind, wenn Leuchtgas oder andere kohlehaltige Körper in freier Luft vollständig verbrannt werden.

Gasförmige Verbrennungsprodukte

Bevor wir indessen die Kohle verlassen, wollen wir noch ein paar Versuche anstellen, durch welche wir noch weitere Einblicke in ihr wunderbares Verhalten bei der gewöhnlichen Verbrennung erhalten werden. Ich habe Euch gezeigt, dass die Kohle beim Verbrennen nur verglimmt, wie feste Körper es immer tun; dabei bemerktet Ihr jedoch, dass sie nach dem Verbrennen nicht als fester Körper zurückbleibt. Es gibt nur sehr wenige Brennstoffe, die sich in dieser Hinsicht ebenso verhalten. Eigentlich tut

21 Dieser Körper ist das Chlor, ein Element, welches große Neigung besitzt, sich mit Wasserstoff zu verbinden.

dies nur jene große Gruppe unserer gewöhnlichen Brennstoffe: die kohlenartigen Substanzen, die Steinkohlen, die Holzkohlen und die Hölzer. Ich kenne außer der Kohle keinen Stoff, welcher bei der Verbrennung dasselbe Verhalten zeigt; und wenn dem nicht so wäre, was würde uns zustoßen? Wenn alle Brennstoffe sich so wie das Eisen verhielten, welches ja bei der Verbrennung einen festen Körper gibt, – wie könnten wir dann in unseren Öfen eine solche Verbrennung haben, wie wir sie gewohnt sind? – Hier in dem Glasrohr ist noch eine andere Art Brennstoff, ein sehr leicht brennender Körper, so leicht entzündlich, dass er an der Luft von selbst Feuer fängt, wie Ihr seht [indem er das Rohr zerbricht]. Das ist schwarzer Blei-Pyrophor, und Ihr seht, wie wunderschön er brennt[22]. Er ist pulverförmig, sodass die Luft wie bei einem Haufen Kohlen im Ofen von allen Seiten hinzutreten kann, und so brennt er nun. Aber warum brennt die Substanz nicht ebenso fort, wenn sie in einer Masse zusammenliegt? [Er schüttet den übrigen Inhalt der Röhre auf eine eiserne Platte zu einem Haufen auf.] Einfach genug, weil die Luft nicht allseitig dazutreten kann. Auch entwickelt sich dabei große Hitze, so groß, wie wir sie in unseren Öfen und unter unseren Kesseln gebrauchen; aber der durch die Verbrennung gebildete Körper ist nicht flüchtig, kann nicht in die Luft entweichen, sondern haftet als Decke über der übrigen Masse, sodass diese nicht mit neuer Luft in Berührung kommen kann, also unverbrannt unter der Decke liegen bleiben muss. Worin unter-

22 Einen solchen Pyrophor kann man auf mannigfache Art erhalten, z.B. indem man zitronensaures Blei in einem geschlossenen Gefäße glüht. Das Blei bleibt dann in einem sehr fein verteilten Zustande zurück, gemischt mit Kohle, welche aus der Zitronensäure stammt. Sobald die Luft mit der schwammigen Masse in Berührung kommt, entzündet sie sich, wobei die Kohle zu Kohlensäure, das Blei zu Bleioryd verbrennt.

scheidet sich dieses Brennen von dem der Kohle? Die Kohle brennt zunächst ganz in derselben Weise wie dieser Körper; aber sie unterhält auch ein kräftiges Feuer auf dem Herd oder wo wir sie sonst brennen mögen, weil eben die Kohlensäure, die durch die Verbrennung erzeugt wird, als Gas in die Luft entweicht, sodass fort und fort reine Kohle dem Zutritt frischer Luft bloß gelegt wird. Ich habe Euch auch gezeigt, dass die Kohle beim Verbrennen in Sauerstoff keine Asche zurücklässt; aber hier bei unserem Häufchen Blei-Pyrophor haben wir augenblicklich mehr Asche als Brennstoff; denn er ist durch den Sauerstoff, der sich mit ihm verbunden hat, schwerer geworden. Da seht Ihr denn, worin der große Unterschied zwischen dem Verbrennen der Kohle und dem des Bleis oder Eisens besteht, und warum wir das Eisen so gut bei den mannigfachen Einrichtungen zur Feuerung, zum Leuchten oder zum Heizen verwenden können. Das Eisen überzieht sich sehr bald mit einer dünnen Kruste seines Verbrennungsproduktes, welche es dann vor dem Zutritte der Luft schützt und macht, dass seine Verbrennung nur langsam fortschreitet.

Wenn die Kohle beim Verbrennen sich zuerst verflüchtigte und dann als Verbrennungsprodukt einen festen Körper bildete, so würde unser Zimmer bald mit einer undurchsichtigen Substanz angefüllt sein, ähnlich wie wir's beim Verbrennen von Phosphor sahen; stattdessen geht alles flüchtig in die Luft. Vor der Entzündung ein fester, unveränderlicher Körper, geht die Kohle bei der Verbrennung in ein Gas über, welches sich nur sehr schwer wieder in festen oder tropfbar flüssigen Zustand überführen lässt.

Ich führe Euch nunmehr zu einem sehr interessanten Teil unseres Themas – zu der Beziehung zwischen der Verbrennung unserer Kerze und jener lebendigen Art von Verbrennung, welche in unserem Körper vorgeht. Ja, in uns Allen findet ein lebendiger Verbrennungsprozess statt, Das Atmen eine Verbrennung ganz ähnlich dem der Kerze; und ich will versuchen, ihn Euch klar zu machen. Die Vergleichung des menschlichen Lebens mit einer Kerze ist nicht nur im poetischen Sinne wahr; wenn Ihr mir folgen wollt, denke ich es euch deutlich machen zu können, dass sie auch naturwissenschaftlich berechtigt und begründet ist.

Fig. 32

Ich habe mir dazu einen kleinen Apparat ersonnen, den ich gleich vor Euch aufbauen werde. Hier ist ein Brettchen, in das eine Rinne eingeschnitten ist, und diese Rinne kann ich von oben mit einer etwas kürzeren Platte zudecken, sodass auf jeder Seite eine Mündung frei bleibt; den so entstandenen Kanal kann ich ferner durch aufgesetzte Glasröhren an jeder Mündung aufwärts leiten, sodass das Ganze einen freien Durchgang bietet. Wenn ich nun einen Wachsstock oder eine Kerze (wir dürfen jetzt frei im Gebrauch des Wortes „Kerze“ sein, seitdem wir seine ganze Bedeutung verstehen) in eine von den Röhren stelle, so wird die Verbrennung sehr gut vonstattengehen. Ihr merkt, dass die Luft, welche die Flamme unterhält, in der Röhre auf der linken Seite hinabsteigt, dann durch die horizontale Rinne geht und in der Röhre am andern Ende, in der die

Kerze brennt, aufsteigt. Wenn ich die Öffnung, durch welche die Luft eintritt, verstopfe, so hemme ich alsbald die Verbrennung, wie Ihr begreift. Ich schneide die Luftzufuhr ab, und die Kerze geht aus. Aber was können wir nun weiter daran knüpfen? In einem früheren Experimente[23] zeigte ich Euch, was geschieht, wenn die Luft von einer brennenden Kerze zu einer anderen gelangt. Würde ich nun hier Luft, die von einer anderen Kerze kommt, durch eine geeignete Vorrichtung in diese Röhre einleiten, so wisst Ihr, dass dieses Licht verlöschen müsste. Indes, was werdet Ihr sagen, wenn ich behaupte, dass auch mein Atem die Kerze zum Verlöschen bringt? Ich meine nicht etwa durch Ausblasen, sondern einfach: Die Natur meines Atmens ist derart, dass die Kerze darin nicht zu brennen vermag. Ich werde jetzt meinen Mund über die Öffnung halten und, ohne dass ich die Flamme im geringsten anblase, keine andere Luft in die Rohre gelangen lassen, als die aus meinem Munde kommt. Da seht Ihr schon das Ergebnis. Ich habe die Kerze durchaus nicht ausgeblasen; ich ließ nur die Luft, die ich ausatmete, in die Mündung des Kanals eintreten, und das Licht auf der andern Seite verlöschte aus keinem andern Grunde als aus Mangel an Sauerstoff. Etwas anderes nämlich

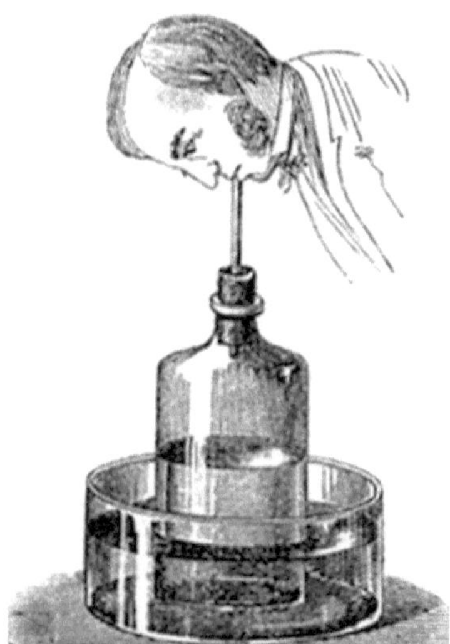

Fig. 33

23 Siehe Fig. 29, Seite 126

meine Lunge – hatte den Sauerstoff aus der Luft fortgenommen, und so war keiner mehr da, die Verbrennung der Kerze zu unterhalten. Ich halte es für recht interessant, zu beobachten, wie viel Zeit die schlechte Luft gebraucht, die ich auf dieser Seite in den Kanal hineinatme, bis sie auf der andern Seite zur Kerze gelangt; anfangs brennt diese noch ganz ruhig weiter, sobald aber die ausgeatmete Luft sie erreicht, löscht sie aus.

Jetzt werde ich Euch noch ein anderes Experiment zeigen, um Euch diesen wichtigen Teil unserer Untersuchung möglichst vollständig zu erläutern. Hier ist eine Glasglocke, die nichts als Luft enthält, was Ihr daran sehen könnt, dass meine Kerze oder die Gasflamme darin gleichmäßig fort brennt. Ich verschließe sie mit einem Stöpsel und mittelst einer Glasröhre im Kork bringe ich meinen Mund so darüber, dass ich die darin enthaltene Luft einatmen kann. Wenn ich die Glocke ans Wasser setze, wie Ihr es hier seht, so bin ich imstande, die Luft herauszuziehen (natürlich muss der Kork ganz luftdicht schließen), sie in meine Lungen gelangen zu lassen und sie dann zurück in das Gefäß auszuatmen. Nun können wir sie untersuchen, um den Erfolg zu erfahren. Dass ich die Luft zuerst aussog und sie dann zurückatmete, konntet Ihr deutlich an dem Auf- und Niedersteigen des Wassers beobachten. Ich bringe nun einen brennenden Wachsstock in diese ausgeatmete Luft, und ihr werdet ihren Zustand an dem Verlöschen der Flamme erkennen. Ein einziger Atemzug hat diese Luft, wie Ihr seht, vollständig verdorben, sodass es ganz nutzlos sein würde, sie nochmals einatmen zu wollen. Nun begreift Ihr auch den Grund der Unzweckmäßigkeit vieler Einrichtungen in den Häusern besonders der ärmeren Klassen, welche es bedingen, dass dieselbe Luft immer und immer wieder eingeatmet werden muss, weil der Mangel geeigneter Ventilation die Zufuhr frischer Luft erschwert. Wenn schon ein einziger Atemzug die Luft so verdirbt, wie Ihr es hier gesehen, wie wesentlich muss da für unsere Gesundheit frische Luft sein!

Atmungsprodukte

Um über diesen wichtigen Gegenstand noch klarer zu werden, wollen wir doch einmal sehen, was mit dem Kalkwasser geschieht, wenn es mit der Ausatmungsluft in Berührung kommt. Hier ist ein Glaskolben, der etwas Kalkwasser enthält; durch die Glasröhren im Stöpsel kann Luft hinein- und heraustreten, sodass wir die Einwirkung der geatmeten, wie der frischen Luft bequem beobachten können. Ich kann nun entweder durch A Luft einsaugen und so in meine Lungen gelangen lassen, nachdem sie durch das Kalkwasser gegangen ist; oder ich kann die Luft aus meinen Lungen durch die bis auf den Boden gehende Röhre B treiben und ihre Wirkung auf das Kalkwasser zeigen. Gebt Acht – ich werde bei A beginnen –; jetzt habe ich also längere Zeit die äußere Luft in das Kalkwasser gezogen und dann durch dasselbe hindurch in meine Lungen; es zeigt sich aber nicht die geringste Veränderung, das Kalkwasser ist durchaus nicht trübe geworden. Nun will ichs aber umgekehrt machen, die Luft aus meinen Lungen durch das Kalkwasser hindurchtreiben (indem ich sie durch B einblase); da seht, hier zeigt sich die Wirkung sofort, das Kalkwasser wird durch die ausgeatmete Luft weiß und milchig. „Aber dieser weiße Niederschlag im Kalkwasser ist uns ja von früher schon ganz gut bekannt“, sagt Ihr, „das ist ja kohlensaurer Kalk, der bei Berührung des Kalk-

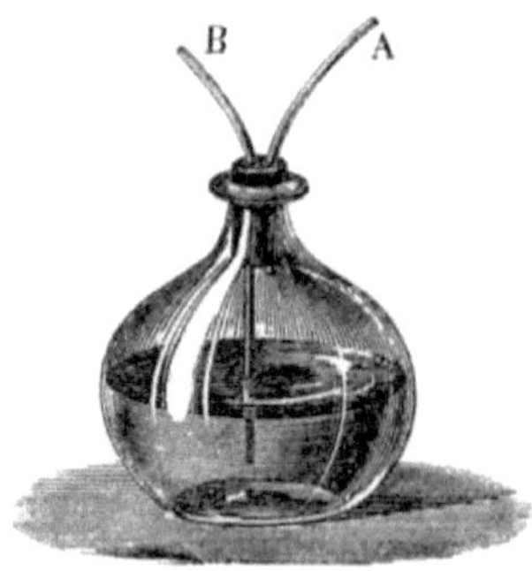

Fig. 34

wassers mit Kohlensäure entsteht". Ganz recht; es ist Kohlensäure, welche die durch das Atmen unbrauchbar gewordene Luft verdirbt; die Reaktion auf Kalkwasser lässt keinen Zweifel daran.

Ich habe hier zwei Flaschen, welche beide mit Kalkwasser gefüllt und durch Röhren verbunden sind, wie Ihr's hier seht. Der Apparat ist zwar nur roh, wird aber doch für unsern Zweck genügen. Wenn ich nun an diesen Flaschen hier (bei a) ein- und dort (bei b) ausatme, so bewirkt die Einrichtung der Röhren, dass die Luft in beiden Fällen durch das Kalkwasser streicht. Zunächst bemerkt man nun, dass die gute Luft beim Einatmen in dem Kalkwasser wiederum gar keine Veränderung hervorbringt; und alsdann seht ihr die Wirkung beim Ausatmen: das Kalkwasser wird getrübt; und es ist doch nichts als mein Atem damit in Berührung gekommen. Der Unterschied ist wohl auffallend genug!

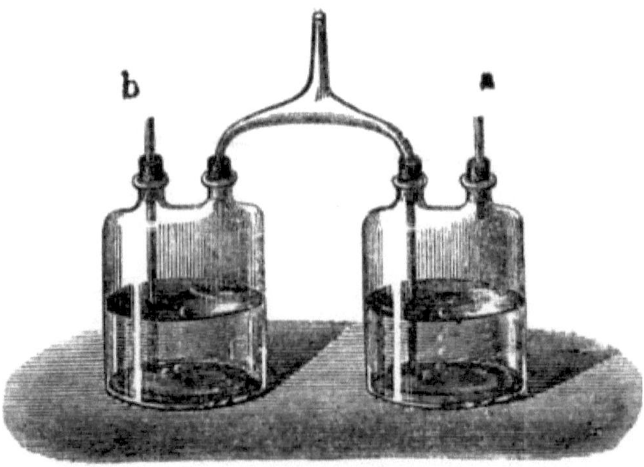

Fig. 35

Gehen wir nun weiter zu der Frage: Was hat dieser ganze Prozess zu bedeuten, der in uns vorgeht, ohne den wir nicht sein können, weder am Tage, noch bei Nacht, und welcher vom Schöpfer so eingerichtet ist, dass er im Wachen wie im Schlaf ganz unabhängig von unserem Willen sich fortsetzt? Wenn wir den Atem dauernd anhielten – was wir aber bekanntlich nur für ganz kurze Zeit vermögen – so würden wir uns selber zerstören. Auch im Schlaf sind die Atmungswerkzeuge und die mit ihnen verbundenen Organe in beständiger Tätigkeit; so notwendig ist der Atmungsprozess für unser Leben, so unentbehrlich diese unausgesetzte Berührung der Luft mit unsern Lungen. Ich muss Euch diesen Prozess in möglichster Kürze auseinandersetzen. Wir nehmen Nahrung zu uns; diese Nahrung gelangt durch die Speiseröhre zunächst in den Magen und dann weiter in die übrigen Teile des Verdauungskanals, wo die für den Körper brauchbaren Stoffe gelöst und von eigens dazu eingerichteten Gefäßen aufgesogen werden. Die so umgewandelten Nahrungsstoffe werden nun, nachdem sie zu Bestandteilen des Blutes geworden, durch eine besondere Reihe von Gefäßen in die Lungen eingeführt und wieder herausgeschafft; gleichzeitig wird durch eine andere Reihe von Gefäßen die Luft in die Lungen ein- und wieder ausgepumpt. Luft und Nahrungsstoff kommen auf diese Art in sehr nahe Berührung miteinander; sic sind nur getrennt durch ganz dünnhäutige Scheidewändchen, wobei denn die Luft auf das Blut eine Wirkung ganz derselben Art ausübt, wie wir sie an der Kerze kennengelernt haben. Der Sauerstoff der Luft verband sich mit dem Kohlenstoff der Kerze zu Kohlensäure, und dabei wurde Wärme entwickelt; dieselbe eigentümliche Umsetzung findet in den Lungen statt. Der Sauerstoff der eingeatmeten Luft verbindet sich mit Kohlenstoff (nicht Kohle in freiem Zustande, sondern hier gerade im Augenblick der Verwendung erst frei werdend) und bildet damit Kohlensäure, welche dann in die Atmosphäre ausgeatmet wird. So gelangen wir denn zu der merkwürdigen Folgerung, dass wir den Nahrungsstoff als Brennstoff anzusehen haben. Ich will ein Stückchen Zucker nehmen, und Euch daran das eben Gesagte noch deutlicher machen. Der Zucker ist zusammengesetzt aus Kohle, Wasserstoff und Sauerstoff; aus denselben Elementen besteht, wie wir wissen, auch die Kerze, nur die Gewichtsverhältnisse sind andere. Der Zucker enthält:

Kohle	72	
Wasserstoff	11	} 99
Sauerstoff	88	

Es ist sehr merkwürdig, und es ist gut, wenn Ihr das beachtet, dass Wasserstoff und Sauerstoff sich hier genau in demselben Verhältnis vorfinden wie im Wasser, sodass man also auch sagen könnte: Der Zucker besteht aus 99 Teilen Wasser und 72 Teilen Kohle. Eben diese Kohle im Zucker ist es, welche sich mit dem Sauerstoff der eingeatmeten Luft in den Lungen verbindet, also uns gleichsam zu Kerzen macht und durch diesen so schönen und einfachen Prozess die für den Körper unentbehrliche innere Wärme neben manchen anderen notwendigen Wirkungen hervorbringt. Um dies noch deutlicher zu machen, nehme ich ein wenig Zucker – oder, um Zeit zu sparen, nehme ich etwas Sirup, der aus ungefähr ¾ Teilen Zucker und ¼ Teil Wasser besteht, und gieße etwas Schwefelsäure hinzu. Die Schwefelsäure nimmt aus dem Zucker das Wasser fort, mit dem sie sich kräftig verbindet, und zurück bleibt, wie Ihr seht, eine kohlschwarze Masse – wirkliche Kohle; Ihr seht, wie die Kohle sich abscheidet, und nach kurzer Zeit werden wir einen einzigen festen Kohlenklumpen in dem Gefäß haben, welcher allein aus dem Zucker stammt. Der Zucker gehört, wie Ihr wisst, zu den Nahrungsmitteln – und schwerlich hättet Ihr die Bildung von Kohle aus einem solchen erwartet. Meine Beweisführung wird indes noch vollständiger werden, wenn ich diese aus dem Zucker erhaltene Kohle verbrenne, d.h. chemisch ausgedrückt: wenn ich sie mit Sauerstoff –Oxygen –verbinde, wenn ich sie oxidiere. Hier habe ich einen Körper, der kräftiger oxidierend wirkt als die atmosphärische Luft[24], und die Oxidation der Kohle wird darin zwar dem Anschein nach anders vor sich gehen als beim Atmungsprozess, im Wesentlichen aber ist es ganz derselbe Vorgang, hier wie dort Verbrennung der Kohle durch Verbindung mit dem zugeführten Sauerstoff. Ich lasse jetzt die Einwirkung stattfinden, und Ihr seht nun sofort die Verbrennung erfolgen. Ich wiederhole es: ganz dasselbe, was in den Lungen durch den Sauerstoff der Luft geschieht, vollzieht sich hier in einem rascheren Prozesse[25].

---

24 Der gewöhnliche Salpeter – bekanntlich ein Bestandteil des Schießpulvers – kann zu diesem Zwecke verwendet werden. Auch das chlorsaure Kali eignet sich gut dazu. Es enthält viel Sauerstoff und gibt denselben, wie aus dem S. 103 Gesagten hervorgeht, beim Erhitzen leicht ab.

25 Einige Nahrungsmittel gleichen hinsichtlich ihrer Zusammensetzung dem Zucker, welcher Wasserstoff und Sauerstoff in demselben Verhältnisse enthält wie das Wasser. Beispielsweise ist dies auch bei der Stärke der Fall, welche den Hauptbestandteil aller Mehlarten ausmacht und daher zu den wichtigsten Nahrungsstoffen gehört. Bei den Fetten dagegen, sowie bei den Hauptbestandteilen des Fleisches trifft dieses Verhältnis nicht zu: sie enthalten weit weniger Sauerstoff als Zucker und Stärke. Damit sie im menschlichen oder tierischen Körper verbrennen, bedarf es einer größeren Sauerstoffzufuhr von außen, da nicht nur der Kohlenstoff zu Kohlensäure, sondern auch ein großer Teil des Wasserstoffs zu Wasser oxidiert werden muss. Wie bei der Kerze haben wir also auch in unserem Körper als Verbrennungsprodukte Kohlensäure und Wasser. Beide befinden sich in der Ausatmungsluft, die erstere als Gas, das letztere als Dampf. Die Anwesenheit der Kohlensäure in der Ausatmungsluft wurde durch die im

Atmung und Verbrennung

Es wird Euch in Erstaunen setzen, wenn ich Euch mitteile, welch' hohe Gewichtsmengen Kohle bei dieser merkwürdigen Umwandlung in den Lungen verarbeitet werden. Schon wenn Ihr berücksichtigt, wie eine so kleine Kerze vier bis sieben Stunden brennt und so lange auch fortwährend Kohlensäure entwickelt, werdet Ihr eine Ahnung bekommen, dass die Menge der Kohle, welche täglich in Form von Kohlensäure in die Luft aufsteigt, sehr bedeutend sein muss. Welche Masse Kohlensäure mag wohl jeder von uns ausatmen! Welch' ungeheurer Umsatz an diesem Brennstoff muss in der ganzen Natur, bei aller Verbrennung, aller Oxidation, aller Atmung stattfinden! Ein erwachsener Mann verwandelt in 24 Stunden etwa 240 Gramm, also nahezu ein halbes Pfund Kohle in Kohlensäure; eine Kuh verbraucht täglich ungefähr 2 Kilogramm Kohle, und eilt Pferd 2 ¼ Kilogramm beim Atmen; also: Das Pferd verbrennt in seinem Körper binnen 24 Stunden 2 ¼ Kilogramm Kohle, um während dieser Zeit seine natürliche Wärme zu unterhalten. Alle warmblütigen Tiere entwickeln so ihre Blutwärme einzig und allein durch Verbrennen der in den Nahrungsstoffen eingeführten Kohle[26].

Texte angegebenen Versuche bewiesen; das Vorhandensein von Wasserdampf zeigt sich sehr leicht, wenn wir mit unserem Atem einen kalten, blanken Körper anhauchen; sogleich wird er durch einen Niederschlag von feinen Wassertröpfchen blind werden. – Auch das Beschlagen der Schlafzimmerfenster, welches man im Winter des Morgens beobachtet, rührt von dem durch die Lungen (und die Haut) ausgeschiedenen Wasserdampf her; der letztere wurde, wenigstens teilweise, durch die Oxidation des in den Nahrungsmitteln enthaltenen Wasserstoffs gebildet.

26 Die Erzeugung der Körperwärme ist nicht die einzige Folge des im Körper stattfindenden Oxidationsprozesses. Eine Eigentümlichkeit des Tieres (und des Menschen) ist die Bewegung. Das Tier kann den eigenen Körper bewegen und außerdem noch äußere Lasten in Bewegung setzen: Es

Und welcher großartige Einblick ergibt sich daraus in die Vorgänge, welche sich in unserer Atmosphäre vollzie-

---

arbeitet. Man weiß jetzt, dass jede Arbeit den Aufwand einer Kraft erfordert, welche nicht aus Nichts entstehen kann. Soll eine Dampfmaschine Arbeit liefern, so müssen wir unter ihrem Kessel einen Brennstoff – Holz, Kohlen etc. – verbrennen, und die geleistete Arbeit steht im geraden Verhältnis zu dem aufgewendeten Brennstoff. Gerade so bedarf der Körper des Menschen und der Tiere eines Brennstoffes zur Leistung der Arbeiten, welche ihm zugemutet werden. Dieser Brennstoff ist die eingenommene Nahrung, von der wir ja sahen, dass sie in ihrer Zusammensetzung den gewöhnlichen Brennstoffen gleicht. Auch die Produkte der Verbrennung sind in beiden Fällen dieselben. Kohlensäure und Wasserdampf, welche wir durch die Lungen ausatmen, entweichen auch aus dem Kamine einer Dampfmaschinenfeuerung. – So sind die Nahrungsmittel, welche wir aufnehmen, und welche durch den eingeatmeten Sauerstoff verbrannt werden, die Quelle, aus welcher fort und fort die Wärme des Tierkörpers und zugleich seine Arbeitsleistungen fließen. Diese Nahrungsmittel liefern uns die Pflanzen; sie besitzen die merkwürdige Fähigkeit, aus Kohlensäure und Wasser diejenigen Stoffe zu bilden, welche zum Aufbau ihres eigenen Körpers erforderlich sind und zugleich den Tieren zur Nahrung dienen; und so zeigen sich diese beiden großen Reiche in einer höchst wunderbaren und für beide gleich notwendigen Wechselwirkung. –Die Pflanzen aber bedürfen zur Ausübung ihrer Lebensfunktionen eines mächtigen Agens, und dieses ist kein anderes als das Licht der Sonne. Eine Pflanze, welche den Sonnenstrahlen entzogen wird, verkümmert bald und geht zuletzt zugrunde. Und genaue Untersuchungen haben zweifellos ergeben, dass nur unter dem Einflusse des Sonnenlichts jener wichtige Prozess in den Pflanzen sich vollzieht. Das Sonnenlicht ist also die eigentliche Quelle allen Lebens auf der Erde. Es vermittelt den großen Kreislauf, welcher den Kohlenstoff und den Wasserstoff – und nebenbei noch einige andere Stoffe – zuerst zu Bestandteilen der Pflanze und dann zu solchen des Tierkörpers macht, damit sie dann, von den Tieren ausgeschieden, wiederum in den Pflanzenkörper gelangen, und so den Lauf von Neuem beginnen.

hen! In London allein werden innerhalb 24 Stunden 548 Tonnen, also 5 000 000 Pfund Kohlensäure allein durch Atmung entwickelt. Und wo bleibt all diese Kohlensäure? Sie geht in die Luft. Verhielte sich die Kohle beim Verbrennen ebenso wie Blei oder Eisen – Ihr habt gesehen, dass diese Körper feste Oxidationsprodukte liefern – was würde da geschehen! Niemals könnte in gewöhnlicher Luft eine lebhafte Verbrennung vor sich gehen. Die Kohle aber wird durch die Oxidation zu einem Gas, das sich in die atmosphärische Luft erheben, sich mit ihr vermischen kann und nun von diesem gewaltigen Träger fortgeschafft wird.

Was aber wird nun aus der Kohlensäure? Wahrhaft wunderbar ist es zu sehen, dass dieses Atmungsprodukt, welches für uns so nachteilig zu sein schien, als wir seine Unbrauchbarkeit zu fernerem Atmen erkannten, – dass dieser gleiche Stoff wiederum zur Lebensquelle einer anderen Klasse von Geschöpfen wird; die Pflanzenwelt auf unserer Erdoberfläche saugt die Kohlensäure als Nahrungsstoff ein. Und auch unter der Oberfläche, in den großen Wassermassen der Meere und Seen findet derselbe Austausch statt; die Fische und anderen Seetiere atmen im Wasser in eben dieser Weise, wenn auch nicht in unmittelbarer Berührung mit der freien Luft.

Seht da diese Goldfische in der Glaskugel! Sie ziehen fortwährend das Wasser durch ihre Kiemen hindurch und atmen dabei den Sauerstoff ein, welchen das Wasser aus der Luft aufgenommen hat, und Kohlensäure atmen sie aus.

Und so sehen wir denn alles sich regen zu dem einen großen Werke, die beiden lebendigen Reiche der Schöpfung einander dienstbar zu machen. Alle Bäume, Sträucher und Kräuter der Erde nehmen Kohlenstoff auf; sie nehmen ihn durch die Blätter aus der Luft, in die wir und alle Tiere, ihn in Gestalt von Kohlensäure entsendet haben, und sie wachsen und gedeihen darin. Gebt ihnen ganz reine Luft, wie sie uns am dienlichsten ist – sie werden dahinwelken und absterben: Gebt ihnen Kohlensäure, und sie werden wachsen und sich Wohlbefinden. Alle Kohle in diesem Stück Holz, ebenso wie in allen Pflanzen, stammt aus der Atmosphäre, welche die Kohlensäure aufnimmt, die uns schädlich, jenen aber nützlich ist –was dem einen den Tod brächte, dem andern bringt es Leben. Und so sehen wir Menschen uns abhängig nicht nur von unseren Nebenmenschen, sondern abhängig von aller Mitkreatur, sehen uns mit dem All der Schöpfung zu einem großen Ganzen verbunden durch die Gesetze, nach denen jedes Glied zum Heile der anderen lebet und webet und schafft.

Bevor wir nun zum Schluss kommen, muss ich Eure Aufmerksamkeit noch auf einen Umstand lenken, der bei allen unseren chemischen Arbeiten eine wichtige Rolle spielt. Ich zeigte Euch kürzlich Blei-Pyrophor, der sich entzündete; Ihr saht, dass er gleich beim Zerbrechen der Röhre, als er kaum mit etwas Luft in Berührung gekommen, und ehe er noch aus dem Röhrchen heraus war, Feuer fing. Nun, das geschah in Folge chemischer Verwandtschaft – dieser den Elementen innewohnenden Hinneigung zueinander, vermöge welcher alle chemischen Prozesse, die wir ausführen, vor sich gehen. Beim Atmen wirkt sie in unseren Lungen, beim Brennen unserer Kerze in der Flamme; und hier wirkt sie zwischen dem Blei und dem Sauerstoff der Luft; stiege auch hier das Verbrennungsprodukt des Bleies von der Oberfläche in die Luft auf, so würde immer wieder eine neue Schicht Feuer fangen und das Blei ganz bis zu Ende verbrennen. Wie ganz anders aber verhält sich die Kohle! Während wir dort bei der ersten Berührung der Luft sofortige Entzündung beobachten, bleibt die Kohle Tage, Jahre, Jahrhunderte lang unverändert an der Luft liegen. Die in dem verschütteten Herkulanum aufgefundenen Schriften waren mit einer Tinte geschrieben, welche Kohle enthielt, und sie haben sich über 1800 Jahre unverändert erhalten, haben durch den Einfluss der Luft nicht im geringsten gelitten, obwohl sie mit ihr in vielfache Berührung kamen. Nun, worin besteht also diese große Verschiedenheit der Kohle von jenem andern Körper? Es ist eine wirklich erstaunliche Erscheinung, dass gerade der Körper, der von der Natur recht eigentlich zum Brennstoff bestimmt erscheint, auf seine Entzündung wartet! Unsere Kohle führt bei Berührung mit der Luft nicht flammend auf wie jenes Bleipräparat und noch so mancher brennbare Körper, den ich Euch hätte zeigen können; sondern sie wartet ihre Verwendung ab. Ist dieses Warten nicht eine absonderliche, eine ganz wunderbare Eigenschaft? Unsere Kerze fängt nicht von selbst Feuer an der Luft, gerät nicht auf einmal in Brand, wie jenes Bleipräparat; sie wartet Jahre, sie wartet ganze Zeitalter ab, ohne einer Veränderung zu unterliegen, bis wir sie in Tätigkeit setzen. Drehe ich den Hahn hier an der Gaslampe auf, so strömt das Gas kräftig aus dem Brenner aus; aber Ihr seht, Feuer fängt es nicht an der Luft – es tritt heraus in die Luft, wartet aber, bis ich es entzünde; und blase ich die Flamme wieder aus, so strömt es abermals, ohne zu brennen heraus und wartet von Neuem, bis ich meinen Wachsstock daran halte. Ich muss die Kerze oder das Gas erst erwärmen, wenn es sich entzünden soll. Dabei ist es merkwürdig, wie die verschiedenen entzündlichen Stoffe verschiedener Hitzegrade bedürfen, damit sie sich entzünden; manche brauchen nur geringe Temperaturerhöhung, andere verlangen stärkere Erhitzung. Hier habe ich z.B. zwei explodierende, also sehr kräftig Feuer fangende Substanzen, Schießpulver und Schießbaumwolle; sogar diese weichen in den Temperaturgraden ab, bei denen sie sich entzünden. Das Schießpulver besteht aus Kohle und einigen andern Stoffen, die es sehr leicht brennbar machen; und die Schießbaumwolle wird durch eigentümliche Behandlung aus der gewöhnlichen Baumwolle angefertigt, enthält also ebenfalls viel Kohle, denn die Baumwolle stammt ja aus dem Pflanzenreiche. Beide entzünden sich nicht von selbst; und sie werden bei verschiedenen Hitzegraden oder sonst unter verschiedenen Bedingungen in Tätigkeit versetzt. Berühre ich diese beiden Substanzen mit einem heißen Draht, so werdet Ihr sehen, welche sich zuerst entzündet. Da seht – die Schießbaumwolle ist explodiert, während selbst der heißeste Teil des Eisendrahtes das Schießpulver nicht zu entzünden vermag. Wie schon zeigt sich an diesem Beispiel die Tatsache, dass verschiedene Körper zur Entwickelung ihrer eigentümlichen Tätigkeit verschiedene Bedingungen verlangen! Der eine Körper wartet es ruhig ab, bis die gehörige Wärme seine Tätigkeit weckt; der andere aber wartet gar nicht – wie es beim Atmungsprozess der Fall ist. Sofort beim Eintritt der Luft in die Lungen verbindet sich der Sauerstoff mit der Kohle; noch bei der niedersten Temperatur, welche der Körper ertragen kann, wenn er selbst dem Erfrieren nahe ist, findet die Wirkung des Atmens ohne weiteres statt: es wird Kohlensäure gebildet, und alle Funktionen gehen ihren normalen Gang.

So werdet Ihr erkennen, inwieweit Atmung und Verbrennung übereinstimmen.

Und so wünsche ich Euch denn zum Schluss unsrer Vorlesungen, dass Ihr Euer Leben lang den Vergleich mit einer Kerze in jeder Beziehung bestehen möget, dass Ihr wie sie eine Leuchte sein möget für Eure Umgebung, dass Ihr in allen Euren Handlungen die Schönheit einer Kerzenflamme widerspiegeln möget, dass Ihr in treuer Pflichterfüllung Schönes, Gutes und Edles wirket für die Menschheit.

*